Fabriquez vos propres chapeaux

Gene Allen Martin

Writat

Cette édition parue en 2023

ISBN : 9789359256009

Publié par
Writat
email : info@writat.com

Contenu

AVANT-PROPOS

LA CONFECTION DE CHAPEAUX est un art qui peut être acquis par toute personne possédant de la patience et des capacités ordinaires. Fabriquer un chapeau pour le commerce n'est pas aussi difficile que d'en fabriquer un pour un particulier ; ce n'est pas non plus une phase si élevée de l'art.

De nombreuses règles sont données pour la hauteur de la couronne, la largeur du bord et la couleur, comme étant adaptées à différents types de visages, mais elles sont si souvent trompeuses qu'il semble préférable de n'en considérer que quelques-unes, car la beauté d'un chapeau dépend presque invariablement. sur des caractéristiques mineures de l'individu pour lesquelles il n'existe pas de règles.

Une fille ou une femme aux cheveux auburn peut porter des cheveux gris : gris-vert, crème, rose saumon ; une touche de henné avec du doré ou de l'orange ; mûrier si les yeux sont foncés.

La femme aux cheveux foncés et aux yeux bleus ou foncés peut porter n'importe quelle couleur si la peau est claire.

Une personne ayant les cheveux et les yeux foncés et une peau jaunâtre peut trouver une couleur brun doré, jaune pâle ou crème, peut-être une couleur mûre si elle a juste la bonne profondeur. Un chapeau à bord légèrement tombant avec une touche de rose ajoutera de la couleur aux joues. Aucun rouge ne doit être porté à moins que la peau ne soit claire. Aucune nuance de violet ou d'héliotrope ne devrait être portée par quiconque a les yeux bleus - cela semble rendre le bleu plus pâle.

Toute personne ayant les cheveux auburn, les yeux bleus et la peau claire peut porter du brun, du gris, du vert, du beige, du bleu et du noir. Le noir ne doit pas être porté près du visage, sauf si la peau est brillante. C'est cependant très convenable aux blondes et aux femmes dont les cheveux sont devenus tout à fait blancs.

Un chapeau noir est presque une nécessité dans la garde-robe de chaque femme, et il peut toujours être rendu plus élégant en utilisant une parement d'une couleur qui convient particulièrement à celle qui le porte - le noir et le blanc sont toujours une combinaison intelligente, mais très difficile à manipuler.

En ce qui concerne les lignes, on sait qu'un chapeau à bord tombant prend la taille de celui qui le porte et ne doit jamais être porté par une personne ayant des épaules rondes ou un cou court. Un chapeau retroussé à l'arrière serait bien mieux. Un bord étroit et une couronne haute ajoutent de la hauteur à celui qui le porte. Une femme avec un nez court et retroussé devrait éviter un chapeau trop relevé du visage. Les personnes de petite taille devraient éviter les bords très larges. Pour le possesseur d'un visage très plein et rond, la couronne haute et le bord étroit, ou un bord qui se relève brusquement contre la couronne d'un côté ou tout autour, devraient s'avérer convenables. Une femme grande et mince ferait bien de porter un bord tombant, suffisamment large pour correspondre à sa taille. Il est un style de chapeau qui semble, avec diverses modifications, devenir universellement en vogue, c'est le bicorne, une forme du style de chapeau Napoléon.

Après tout, l'expérience est le meilleur professeur. Chaque fois qu'un chapeau s'avère particulièrement seyant, il serait bon de découvrir pourquoi il l'est et de noter sa couleur, sa taille et ses contours généraux. Ces notes sont utiles si elles sont conservées pour référence future, que les chapeaux soient fabriqués pour le magasin ou pour la chapellerie domestique.

Un chapeau est rarement polyvalent, mais l'objectif devrait être de le rendre ainsi. Il faut se garder d'une ornementation excessive, ainsi que d'une harmonie de couleurs trop étroite, jusqu'à ce qu'une grande expérience ait été acquise. Une règle à laquelle il n'y a pas d'exception pour juger de la beauté d'un chapeau est la suivante : le chapeau doit mettre en valeur votre apparence. Si vous n'avez pas l'air plus agréable avec que sans, ce n'est pas un modèle aussi bon pour vous qu'il pourrait l'être.

En planifiant ou en choisissant un chapeau, nous décidons inconsciemment des couleurs et des contours qui sont une expression extérieure de nous-mêmes. Un chapeau, ainsi que tout vêtement, peut exprimer beaucoup de choses : le découragement, le bonheur, la décision, l'indécision, la gaieté, la dignité, la bienveillance, un esprit exercé ou non, la prévoyance, le raffinement, la générosité, la cruauté ou l'insouciance. Combien de fois entendons-nous quelqu'un dites : « Ce chapeau ressemble à Mme Blank ! » Les vêtements, quels qu'ils soient, sont un indice de la personnalité de celui qui les porte. Une amie a dit un jour en ma présence à une vendeuse qui essayait de lui vendre un chapeau : « Mais je n'ai pas *envie* de ce chapeau ! La vendeuse répondit : « C'est justement ça, vous refusez de l'acheter parce que vous n'en *avez pas* envie, alors que je vous dis que c'est très seyant. » Tout cela montrait que cette vendeuse n'avait pas la moindre idée de ce que cela voulait dire et qu'elle manquait totalement de compréhension.

Les vêtements *devraient* être une question de « sentiment », et ce même sentiment est quelque chose de vital et doit être pris en compte si nos vêtements doivent nous aider à libérer notre esprit. Pourquoi devrions-nous porter quelque chose qui soit trompeur à notre égard ? Regardons-nous chaque jour dans le miroir et demandons-nous si nous semblons être ce que nous souhaitons que les autres pensent que nous sommes.

Il est important lors de la planification d'un chapeau de le voir en plein jour ainsi que sous lumière artificielle. Il doit également être essayé sous un bon éclairage, *debout* devant un miroir, car un chapeau qui peut paraître élégant en position assise peut ne pas l'être en position debout, en tenant compte de l'ensemble de la silhouette.

Fabriquer ses propres chapeaux, en utilisant des matériaux anciens, stimule l'originalité et donne la possibilité de s'exprimer. Il est étonnant de voir combien de nouvelles idées naissent lorsque nous commençons à faire quelque chose que nous pensions tout à fait impossible. Tout cela contribue à donner plus de piquant à la vie. Fabriquer ses propres chapeaux fait appel à l'instinct constructif de chaque femme, au-delà de la question de l'économie, qui doit toujours être prise en considération. Quelqu'un dira : « Je ne porterais aucun chapeau que je pourrais confectionner. » Combien de fois avons-nous porté des chapeaux inconvenants et de mauvaise qualité, en plus de payer grassement quelqu'un pour ce privilège. Essayons de former une norme permettant de juger de la valeur d'un chapeau plutôt que du nom du fabricant.

Avant de confectionner un chapeau, il faut examiner attentivement toute la garde-robe pour voir avec quoi le chapeau doit être porté et le type de service que l'on va en attendre. Chaque article d'un costume doit être lié et harmonieux quant à la couleur, aux contours et à l'adéquation. Le résultat devrait être un tout parfait, sans une seule discorde. Combien de fois voyons-nous une jupe verte, un manteau couleur moutarde et un chapeau bleu vif – chaque article étant agréable en soi, mais atroce lorsqu'il est porté collectivement. Les petits chapeaux brillants et gais sont agréables lorsqu'on les voit rarement, mais on se lasse vite d'en avoir un s'il doit être porté quotidiennement.

Le temps et nos meilleures réflexions sont bien investis dans la planification de nos vêtements. Des vêtements appropriés nous donnent confiance, respect de soi et respect des autres. Être bien habillé, c'est se libérer de la pensée des vêtements. Nous jugeons et sommes jugés par les vêtements que nous portons : ils sont une expression extérieure de nous-mêmes et parlent pour nous, alors que nous devons garder le silence.

« La simplicité est la clé de la beauté » : aucun vêtement ne devrait se démarquer de manière trop visible, à moins que ce ne *soit* le chapeau. La nature utilise les couleurs vives avec parcimonie. Si vous regardez une plante, vous la trouvez sombre près du sol, devenant plus claire près du sommet avec ses feuilles vertes, puis la fleur ; la gloire est au *sommet* . Tout dans la nature nous apprend à *lever les yeux* . Ainsi, le chapeau doit être le couronnement d'un costume, le centre d'intérêt, et doit recevoir la plus grande attention quant à son convenance, sa convenance et sa fabrication.

CHAPITRE I

ÉQUIPEMENT ET MATÉRIAUX

ÉQUIPEMENT

- Dé
- Fil
- Aiguilles
- Mètre à ruban
- Épingles
- Craie ou crayon de tailleur
- Pinces de modiste ou coupe-fil
- Ciseaux, grands et petits
- Papier pour patrons

Dé à coudre : bonne qualité

Fil —Lustre Genève , noir et blanc, numéro 36. Fil de couleur selon les besoins.

Aiguilles — papier assorti d'aiguilles de modiste, 8 à 10.

Ruban à mesurer — en satin de bonne qualité.

Craie de tailleur : blanche et bleu foncé.

Pinces de modiste : pinces adaptées à la main, pas trop lourdes, avec des pointes émoussées et suffisamment tranchantes pour couper un fil.

MATÉRIAUX UTILISÉS POUR FABRIQUER DES CADRES DE CHAPEAUX

Tissus —

Bougran

Crinoline

Filet de cape

Neteen ou filet anti-mouches

Assiette en saule

Fils —

Câble

Fil de cadre ou de renfort

Dentelle

Cravate

Ruban

À ressort

Papier pour patrons —

Manille lourde

BOUGRAN —

Livré en noir et blanc, environ vingt-sept pouces de large – un matériau lourd et rigide, lisse d'un côté et plutôt rugueux de l'autre. Il est plus couramment utilisé pour les fondations de chapeaux que tout autre tissu. Il existe également un bougran d'été, plus léger et lisse des deux côtés.

CRINOLINE —

Disponible en noir et blanc, vingt-sept pouces de large : un matériau rigide, fin et à mailles ouvertes, utilisé pour fabriquer des cadres de chapeaux souples, pour recouvrir les cadres en fil de fer et en bandes de biais pour recouvrir le fil de bordure après sa couture sur le cadre en tissu. .

NETEEN OU FILET ANTI-MOUCHES -

Un matériau rigide à mailles ouvertes, disponible en noir, blanc et écru, d'un mètre de large, un matériau très apprécié en raison de sa grande souplesse et de sa légèreté. Il est utilisé pour bloquer les cadres et copier, les lignes étant beaucoup plus douces que lorsqu'elles étaient réalisées avec du bougran. Très résistant.

FILET DE CAP —

Un matériau léger à mailles ouvertes utilisé pour le blocage et pour les cadres souples. Pas aussi souple que dix-neuf .

ASSIETTE EN SAULE —

Un matériau grossier semblable à de la paille, léger, cassant et très coûteux, utilisé pour le blocage ; des cadres en sont également fabriqués sans blocage.

Doit être humidifié avant utilisation. Déconseillé aux amateurs.

LE FIL est disponible en noir, blanc, argent et doré et est recouvert de coton, de coton mercerisé et de soie. Il peut être acheté en boulons simples et doubles.

CÂBLE —

Le plus gros fil utilisé en chapellerie. Dans la fabrication des cadres en fil de fer, il est utilisé comme fil de bordure et parfois pour l'ensemble du cadre. Étant plus grand que le fil de fer, il produit un effet agréable lorsqu'il est utilisé dans le cadre de la conception du cadre en fil de fer, s'il doit être recouvert d'un matériau transparent.

FIL DE CADRE OU DE RENFORT —

Utilisé dans la fabrication de cadres et cousu sur le bord de tous les cadres de chapeaux en bougran et en tissu.

DENTELLE —

Plus petit que le fil de cadre, utilisé pour câbler des rubans de dentelle et des fleurs, et parfois pour réaliser un cadre entier lorsqu'un design très délicat est souhaité.

MONTRANT LE BORD EN FORME DE NETEEN AVEC DES RENFORTS EN RUBAN-FIL BASÉS EN PLACE

CRAVATE —

Le plus petit fil utilisé en chapellerie ; vient enroulé sur des bobines. Est utilisé pour attacher d'autres fils et pour fabriquer des fleurs faites à la main. Existe en noir, blanc et vert.

RUBAN —

Un ruban de coton d'environ trois huitièmes de pouce de large, avec un fil fin tissé au centre, ainsi qu'un fil sur chaque bord. Utilisé pour câbler des rubans.

À RESSORT —

Un fil d'acier découvert utilisé pour fabriquer des bords en forme de halo ; est parfois cousu sur le bord du bougran ou d'autres bords en tissu, si le chapeau est inhabituellement large ou si un bord doit être particulièrement rigide. Il est parfois utilisé comme fil de bordure sur les armatures métalliques.

CADRES DE CHAPEAU EN TISSU

Il faut faire preuve de BEAUCOUP DE SOIN, DE RÉFLEXION ET DE PATIENCE LORS DE LA FABRICATION DE LA MONTURE DE N'IMPORTE QUEL CHAPEAU. C'est la fondation sur laquelle nous construisons, et si elle est mal faite, aucun travail ne pourra la recouvrir plus tard. Un chapeau doit être parfait à chaque étape. Le cadre est la première étape, et donc la plus importante.

Le chapeau le plus simple à réaliser est le marin à bord droit et à couronne carrée, recouvert de velours. C'est un tel modèle que nous adopterons dans un premier temps.

CADRE DE CHAPEAU DE MARIN —

Pour plus de commodité, nous utiliserons les dimensions suivantes : largeur du bord, trois pouces ; hauteur de la couronne, trois pouces et demi ; longueur de la pointe de la couronne, huit pouces et demi ; largeur de la pointe de la couronne, six pouces et demi, et taille de la tête , vingt-quatre pouces.

MODÈLE POUR LE BORD —

Découpez dans un morceau de papier kraft de quatorze pouces et demi sur quatorze pouces et demi le plus grand cercle possible ; le papier peut être plié en deux, puis en quarts, puis en huitièmes et froissé.

Un bord rond n'aura pas la même largeur tout autour du fil de la taille de la tête , car le fil de la taille de la tête doit être ovale pour s'adapter à la tête. L'avant et l'arrière seront tous deux environ un pouce plus étroits que les côtés.

FIL DE TAILLE DE TÊTE —

MESURER — Ceci est particulièrement important, car de la précision de cette mesure dépend le confort de celui qui le porte ; c'est le fil de fondation. Passez un ruban à mesurer autour de la tête sur les cheveux là où le chapeau doit reposer et ajoutez deux pouces à cette mesure. L'un sert à roder les extrémités et l'autre pouce sert à doublure et à recouvrir le chapeau qui monte jusqu'à la taille de la tête. 7-1

Comme notre tour de tête mesure vingt-quatre pouces de long, coupez un morceau de fil de fer de vingt-six pouces de long ; cela permet les deux pouces que nous venons de mentionner. Superposez les extrémités sur un pouce et fixez chaque extrémité avec du fil d'attache. 7-2 Le fil s'étend toujours sur un pouce, ni plus, ni moins.

POUR FAÇONNER — Avec les mains à l'intérieur, tirez le cercle jusqu'à ce qu'il soit allongé pour s'adapter à la tête. Ce fil pour la tête ne doit pas appuyer indûment sur aucune partie de la tête.

POUR LOCALISER LA TAILLE DE LA TÊTE SUR LE MOTIF : posez le motif à plat, épinglez le fil de la taille de la tête sur le motif en le joignant au pli arrière du papier, en ayant l'arrière et l'avant du bord de largeur égale et les deux côtés du bord de largeur égale. Marquez tout autour du fil de la taille de la tête avec un crayon. Retirez le fil et coupez le papier à un demi-pouce à l'intérieur de cette marque.

POUR COUPER LE BORD DU BOUGRAN : posez le motif sur le côté lisse du bougran, épinglez et coupez les bords très doucement. Couper la taille de la tête de la même manière que le modèle. Marquez l'emplacement du centre arrière et du centre devant. Retirez le motif et, avec un fer chaud, appuyez sur le bougran parfaitement à plat, en prenant soin de ne pas casser ou plier brusquement le bougran, car s'il est cassé une fois, il ne peut pas être réparé de manière satisfaisante.

POUR COUDRE DU FIL DE LA TAILLE DE LA TÊTE JUSQU'AU BORD — Notez d'abord la relation entre le fil de la taille de la tête et le bord. Si le bougran est soigneusement coupé, le fil peut être épinglé à un demi-pouce du bord. Le bord a été coupé en rond et aura l'apparence d'un chapeau rond une fois porté et pourtant, en raison du fil ovale de la taille de la tête , le bord une fois terminé mesurera environ trois pouces et demi de chaque côté et environ deux pouces et demi. demi-pouces en arrière et en avant. Épinglez le fil sur le côté lisse du bougran avec le tour au centre du dos, épinglez également le devant et chaque côté, en faisant attention de ne pas perdre la forme du fil de la taille de la tête . Amenez l'aiguille du dessous du bord près du fil, en commençant par les genoux. Prenez le point sur le fil sous le côté en revenant par le premier point sur le côté droit. Prenez le point suivant sur le fil à un quart de pouce du premier, en revenant sur le côté droit. Répétez tout le tour jusqu'à ce que le tour soit atteint. Attachez le fil en prenant plusieurs points rapprochés sur les extrémités du fil afin de les joindre parfaitement et d'éviter qu'ils ne se détachent. Coupez le bougran à l'intérieur du fil de la taille de la tête tous les demi-pouces et retournez les morceaux.

Cela forme de petits rabats sur lesquels la couronne peut être fixée ultérieurement. Le bord peut maintenant être essayé et modifié si nécessaire.

FIL DE BORDURE —

Celui-ci est coupé dans le fil du cadre et doit être suffisamment long pour atteindre le bord du bord et recouvrir un pouce. Le fil de bordure est toujours cousu du même côté du bord que le fil de la taille de la tête , qui est généralement le côté lisse. Façonnez ce fil pour qu'il épouse la forme du bord. Ne comptez jamais sur le chapeau ou les points de suture pour maintenir un fil en place. Commencez au centre du dos du chapeau en tenant le fil vers vous et cousez de droite à gauche. Tenez le fil le plus près possible du bord, sans le laisser glisser par-dessus le bord. Coudre au point de surfilage en prenant deux points dans le même trou. Prenez les points juste à la profondeur du fil. S'il est trop peu profond, le fil glissera par-dessus le bord ou, s'il est trop profond, le fil glissera du bord, le laissant sans protection et susceptible de se briser et d'avoir un aspect inégal. Un cadre doit être bien réalisé dans les moindres détails pour produire des résultats satisfaisants une fois terminé.

POUR RECOUVRIR LE FIL DE BORDURE —Tous les fils de bordure doivent être recouverts de crinoline ou d'une mousseline bon marché. Coupez une bande de ces produits en biais, d' une largeur de trois huitièmes de pouce. Retirez la lisière et étirez la bande. Attachez le fil de bordure avec, en le tenant très fermement. Cousez près du fil à l'aide d'un point de couteau.

CÔTÉ DROIT – MAUVAIS CÔTÉ –

Ce point est réalisé en prenant un point long sur l'endroit puis un point arrière court sur l'envers. Tournez les extrémités de la crinoline sur un quart de pouce à la fin, mais ne tournez pas les extrémités vers le bas.

COURONNE CARRÉE —

Une couronne carrée est une couronne ayant un sommet plat ou légèrement arrondi, avec les côtés légèrement inclinés vers le haut. Une couronne de ce type de trois ou trois pouces et demi de hauteur serait au moins un pouce et demi plus petite en haut qu'en bas. Toute couronne fabriquée séparément du bord doit être suffisamment grande pour recouvrir le fil de la taille de la tête sur le bord à la base. Pour éliminer toute coupure ou couture dans la couronne latérale, un patron en papier doit être réalisé. Les paragraphes suivants expliquent comment procéder.

MODÈLE POUR COURONNE LATÉRALE INCLINÉE —

Coupez un morceau de papier manille d'un quart de pouce plus large que la hauteur de la couronne et d'un demi-pouce plus long que la mesure du fil de la taille de la tête . Entaillez ce papier à quatre endroits également éloignés, à moins d'un quart de pouce du bord inférieur, puis chevauchez les entailles en haut d'un peu plus d'un quart de pouce, ou à peu près assez pour retirer environ un pouce et demi. Épinglez des barres obliques. Superposez les extrémités du papier sur un quart de pouce et épinglez-les ensemble. Placez ce motif sur le bord avec assemblage à l'arrière et épinglez-le sur les barres obliques retournées sur le bord. Essayez pour voir si des modifications sont nécessaires. Cela peut être décidé à ce stade et des modifications peuvent être apportées si la couronne est trop inclinée ou trop droite. Un amateur doit essayer une monture souvent afin d'être assuré de lignes et de courbes qui lui vont bien. Retirez le motif du bord et coupez en haut et en bas les irrégularités du bord.

POUR COUPER LA COURONNE LATÉRALE DU BOUGRAN -

Retirez les épingles de la couture, en laissant les épingles dans les barres obliques. Posez le motif à plat sur le côté lisse du bougran, dans le sens de la longueur du matériau pour profiter du rouleau naturel. Coupe proche du motif ; chevauchez les extrémités d'un quart de pouce. Cousez en utilisant un point arrière fin près de chaque bord ; cela fait deux rangées de coutures. Cousez un morceau de fil de fer en haut et en bas de la couronne latérale, en gardant le tout joint à l'arrière. Utilisez la même méthode que pour coudre le fil de bord sur le bord. Couvrez les deux fils avec de la crinoline.

CONSEILS POUR LA COURONNE —

Le haut de la couronne peut rester doux ou être en bougran, produisant un effet rigide. Les deux méthodes seront données.

POINTE DE COURONNE SOUPLE — Première forme de couronne latérale pour s'adapter au fil de la taille de la tête sur le bord, qui sera une ellipse. Coupez un morceau de crinoline, de la forme exacte de la couronne, plus un pouce tout autour. Épinglez-le par-dessus, en le gonflant un peu, et cousez avec un point de couteau près du fil. Coupez le surplus de matériau à un quart de pouce.

POINTE DE COURONNE RIGIDE, EN BOUGRAN — Posez le haut de la couronne latérale sur le côté lisse du bougran et marquez la forme avec un crayon. Coupez le bougran à un demi-pouce à l'extérieur de cette marque. Ensuite, afin de rabattre cette pointe rigide de la couronne, il sera nécessaire de couper, à partir de ce demi-pouce de bougran en dehors de la ligne de crayon, de petits morceaux en forme de coin, espacés d'environ un pouce. Coupez-les près de la ligne tracée. Épinglez cette pièce sur le dessus de la couronne, appuyez sur les rabats et cousez au point de couteau.

Si une couronne ronde doit être utilisée, il est conseillé d'acheter une couronne séparée de dix cents ou une monture avec une couronne ronde. Si un cadre entier est acheté, retirez la couronne et câblez son bord inférieur. Une fois que l'étudiant en chapellerie a acquis certaines compétences, une couronne ronde en tissu peut être bloquée à la main sur une couronne en fil de fer.

Pour couvrir la couronne ronde —

Épinglez le matériau sur le dessus de la couronne avec un biais sur le devant. Tirez avec le côté droit du matériau et épinglez juste en dessous du bord de la courbe. Cousez un demi-pouce en dessous avec un point de couteau, coupez le tissu près de cette couture. Retirez les épingles. Ajustez un morceau de tissu en biais, en utilisant la même méthode et les mêmes mesures que pour la couronne latérale du marin en velours au chapitre II. Cousez la couronne jusqu'au bord avant d'ajuster le revêtement latéral de la couronne. Tirez cette pièce de biais sur la couronne et épinglez-la doucement en place. Terminez le haut et le bas de cette bande en retournant les bords sur un fil. Utilisez le même point que pour finir le bord de la paramenture sur le bord. 13-1 Cela donne une finition soignée pour un chapeau qui nécessitera peu de coupe. Si l'amateur trouve trop difficile de finir ainsi le bas d'une couronne latérale, le bord peut être recouvert d'un pli d'étoffe ou d'un ruban étroit ; le dessus peut également être fini par un ruban étroit, mais la finition soignée avec un fil doit être maîtrisée si possible, car ce style de finition est utilisé dans de nombreux endroits.

7-1 Pour couper le fil voir chapitre IV .

7-2 Pour attacher le fil, voir chapitre IV .

13-1 Voir chapitre II .

CHAPITRE II

CADRE DE COUVERTURE AVEC VELOURS

LE MATÉRIEL nécessitait un velours de modiste d'un mètre et demi ou n'importe quel velours de dix-huit à vingt-quatre pouces de large. Si le velours utilisé mesure trente-six pouces de large, un mètre suffira.

POUR COUVRIR LE BORD -

Placez un coin de velours devant le bord sur le côté supérieur (côté lisse). Le fil de chant et le fil de la taille de la tête doivent toujours être au-dessus du bord. Retournez le velours sur le bord du bord et épinglez. Collez des épingles à angle droit jusqu'au bord pour éviter d'abîmer le velours. Épinglez étroitement tout autour du bord du bord, en tirant sur le tissu avec le fil pour éliminer toute plénitude. Ne tirez pas assez fort pour plier le bord. Coupez le velours d'un quart de pouce pour le retourner sous le bord. Bâtir près du fil de la taille de la tête sur le dessus avec un point de couteau. Coupez le velours à l'intérieur du fil de fer , en laissant un demi-pouce pour couper et remonter avec le bougran.

POUR COUDRE LE BORD DU VELOURS JUSQU'AU BORD —

Cela doit être fait avec un point de surfilage serré sur la face inférieure , en prenant soin de ne pas piquer jusqu'au côté droit du velours. Il est parfois conseillé, lors de la préparation du cadre, de coudre le bougran à partir du bord à environ un quart de pouce avec la machine à coudre, en utilisant un point long. Cette couture peut ensuite être utilisée pour passer l'aiguille lors de la couture du velours. Si le velours semble épais et lourd sur la face inférieure après la couture, il peut être repassé avec un fer chaud. Si cela est fait rapidement et légèrement, cela n'apparaîtra pas sur le côté droit.

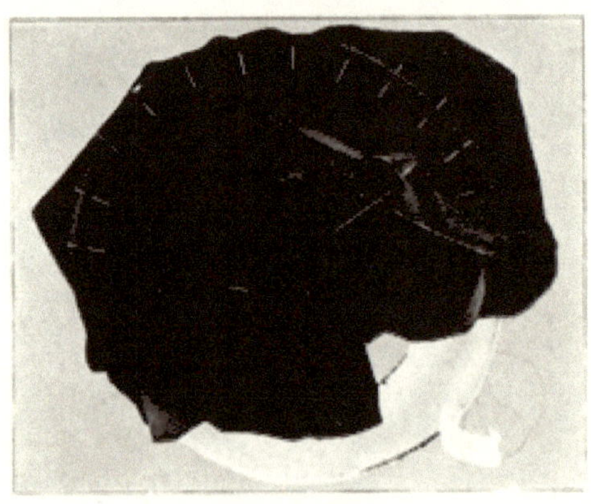

MONTRANT LA PROCÉDÉ D'AJUSTEMENT DU TISSU SUR LE BORD FAÇONNÉ

FACE AU DESSOUS DU BORD :

Épinglez le velours sur le dessous, en utilisant la même méthode d'épinglage que sur le dessus du bord. Celui-ci doit être épinglé très soigneusement. Coupez le velours tout autour du bord, en laissant un peu *moins* d'un quart de pouce pour le retourner. Les parements sont généralement finis en bordure avec un fil. Coupez un morceau de fil de fer de la circonférence exacte du bord, plus un pouce pour le tour. Pliez à la forme du bord et épinglez sous le bord du velours, en commençant au milieu du dos. Roulez le velours sur le fil et faites-le ressortir jusqu'au bord. Épinglez tout autour avant de commencer à coudre. Placez les épingles à angle droit par rapport au bord. Un morceau de velours tenu dans la main gauche empêchera les traces de doigts d'apparaître sur le velours. Commencez à coudre à gauche du fil de jonction, tout en tenant le dessous du bord vers vous. Faire passer l'aiguille par l'arrière et fermer sous le fil. Avec la tête de l'aiguille, pressez le velours sous le fil pour former un pli ou une sorte de lit pour le fil du point suivant. Prenez près d'un point d'un demi-pouce en plaçant l'aiguille près du fil et en passant entre le fil et la parementure supérieure. Revenez sous le fil avec un tout petit point arrière en prenant soin d'ajuster le fil au fur et à mesure de la couture, et d'attraper un peu de revêtement supérieur à chaque point arrière. Lorsque la jonction des fils est atteinte, traitez les extrémités chevauchées comme un seul fil. Fixez solidement les extrémités en prenant plusieurs petits points arrière. Le fil de dentelle, étant plus petit que le fil de cadre, est parfois utilisé pour finir le bord du parement. Il n'a pas l'air aussi lourd, mais il est un peu plus difficile à manipuler pour un débutant.

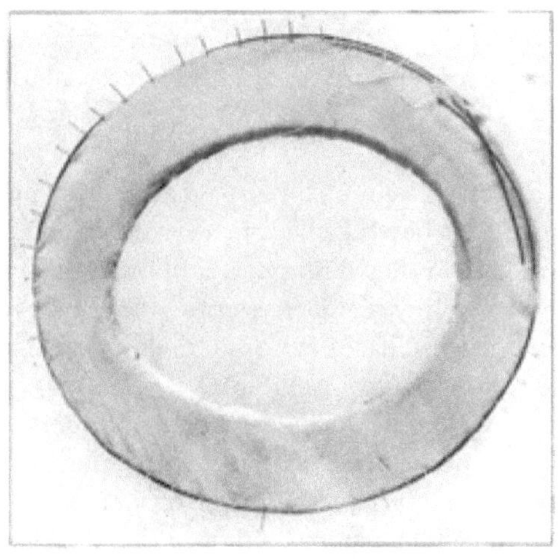

MONTRANT SOUS LA FACE DU BORD ÉPINGLE SUR FIL PRÊT À COUDRE EN PLACE

Pour recouvrir le dessus, coupez un morceau de velours avec le biais sur le devant, de la même forme que le haut de la couronne plus un pouce tout autour. Rassemblez un quart de pouce du bord, placez-le par-dessus, égalisez les fronces, épinglez en place et cousez avec un point de couteau sur la ligne de fronces. Faites en sorte que le bord soit aussi plat que possible et ne tirez pas trop le velours sur le dessus.

POUR COUVRIR LA COURONNE LATÉRALE —

Coupez un morceau de velours en biais véritable de deux pouces et demi plus large que la hauteur de la couronne. Épinglez cette bande sur l'envers autour de la couronne latérale pour trouver la longueur et localiser la couture. Dessinez-le bien et épinglez la couture sur le tissu droit avec du fil de chaîne. (Le fil de chaîne est parallèle à la lisière.) Retirez le velours et cousez la couture. Ouvrez-le et appuyez en le passant sur le bord d'un fer chaud.

POUR COUDRE LA COURONNE SUR LE BORD —

La façon la plus simple de procéder est de coudre la couronne sur le bord avant d'ajuster le revêtement latéral de la couronne. Épinglez le dos, le devant et chaque côté de la couronne jusqu'au bord, en plaçant les coutures à l'arrière. Cousez les rabats retournés du bord et la couronne à un quart de pouce du fil inférieur. Étirez la bande de velours pour couronne latérale sur la couronne en plaçant la couture à l'arrière, à moins qu'un détourage n'ait été prévu qui couvrira mieux la couture si elle est placée à un autre endroit. Tournez les bords supérieur et inférieur vers le bas pour les ajuster à la couronne latérale et appuyez sur le rabat inférieur près du bord. Si cette bande a été suffisamment serrée, il ne sera pas nécessaire de la coudre.

BORDURE DU BORD, UNE FOIS TERMINÉ SANS FIL —

Un bord recouvert de velours ou de tout autre tissu peut également être fini en dessous sans fil, les bords étant cousus ensemble. Dans ce cas, la sous-couche serait tournée de moins d'un quart de pouce et épinglée tout autour avant de commencer à coudre. Faites passer l'aiguille du dessous du parement jusqu'au bord même du pli. Placez la pointe de l'aiguille directement en face de ce point et faites une petite maille en face supérieure, puis prenez une petite maille en face inférieure . Chaque point commence toujours juste à l'opposé de la fin du point précédent, de sorte que le fil entre les deux parementures traverse la couture perpendiculairement au bord du bord. Cette méthode donne au travail un aspect fluide et ne se déplacera pas non plus ;

cependant, ce style de finition d'un bord n'est pas populaire et nécessite beaucoup de pratique.

Pour couvrir un marin à bord étroit sans couture de bord —

Cette méthode ne peut être utilisée de manière satisfaisante que lorsque le bord est étroit et le tissu souple. Pour plus de commodité, nous donnerons les mesures d'un bord de deux pouces et demi , marin plat, bord extérieur mesurant quarante pouces. Coupez un morceau de velours en biais de quarante pouces de long et sept pouces de large. Pliez ce velours au centre dans le sens de la longueur et collez des épingles tous les trois pouces à travers le bord du pli à angle droit par rapport au bord et près du bord. Il s'agit de marquer la ligne qui doit être placée sur le bord du bord. Si le velours n'est pas placé uniformément, on retrouvera plus de volume d'un côté que de l' autre. Placez du velours sur le bord et épinglez sur le bord aux points marqués par des épingles. Étirez-vous aussi fort que possible. Sur un bord de cette largeur, toute la plénitude doit être calculée. Si cela s'avère très difficile, posez le bord de côté, avec le velours épinglé, pendant une heure ou toute la nuit, et vous constaterez que le velours donnera un peu plus. Retirez autant de longueur que possible. Localisez la couture, retirez-la du cadre, cousez la couture et remplacez-la comme avant. Cousez le dessus près du fil de la taille de la tête , en travaillant autant que possible ; tirer la partie inférieure jusqu'à la taille de la tête . Cousez un quart de pouce au-dessus du fil de la taille de la tête sur les rabats, en faisant attention de ne pas trop serrer le fil, sinon la taille du fil de la taille de la tête sera réduite.

Faces —

Une variété agréable est parfois obtenue en utilisant une sous-face colorée sur un chapeau noir. L'ensemble du revêtement peut être d'une couleur contrastante ou s'étendre uniquement du fil de la taille de la tête jusqu'à moins d'un pouce du bord du bord. Dans ce cas, il pourrait y avoir une bande de matériau identique à celle du dessus, d'un pouce et demi de large, terminée au bord du bord par un fil. Ensuite, le revêtement coloré serait fini sur le bord avec un autre fil.

Bords recouverts de deux sortes de tissus —

Un bord plat ou une forme de champignon est souvent recouvert de deux tissus, qui peuvent être de la même couleur ou de couleurs contrastées. De petits morceaux de tissu ancien peuvent souvent être conservés de cette manière et le chapeau a en même temps beaucoup de charme. Par exemple, le bord du chapeau pourrait avoir une bande de biais en satin, large de deux pouces ou plus, étirée autour du bord du bord, le reste du bord étant recouvert de velours chevauchant le satin et terminé par un fil sur le dessus. et en bas, ou seulement d'un côté. Le dessous du bord peut être fini de la même manière, ou la parementure peut être mise en évidence même avec le bord et finie avec un fil.

FOND DE TEINT À BORD FAÇONNÉ —

Le bord *de forme le plus simple* est celui en forme de champignon.

POUR FAIRE UN MOTIF POUR LE BORD -

Réalisez un patron en papier comme pour le marin à bord droit. Mesurez la même chose pour le fil de la taille de la tête , joignez les extrémités du fil, formez-le pour l'adapter à la tête et épinglez sur un motif en papier de n'importe quelle largeur souhaitée. Pour faire tomber le bord, coupez le motif du bord jusqu'au fil de la taille de la tête à quatre endroits différents également distants. Superposez ces barres obliques d'un quart de pouce sur le bord et épinglez. Le motif peut également être coupé en huit endroits différents ou plus si on le souhaite, les coupes étant ajustées par rodage plus ou moins en fonction du degré d'affaissement qui peut devenir.

Une fois le motif ajusté de manière satisfaisante, marquez avec un crayon tout autour juste à l'intérieur du fil de la tête . Retirez le fil et coupez le papier sur cette ligne. Coupez le motif en deux à l'arrière et étalez-le à plat sur le côté lisse du bougran, en laissant les épingles en entailles. Coupez près du bord extérieur et laissez un quart de pouce pour le chevauchement aux extrémités. Marquez le bougran avec un crayon près de la ligne de taille de la tête et coupez un demi-pouce à l'intérieur de cette marque. Le tour se termine à un quart de pouce et faites un point arrière serré à chaque bord du rabat. Cousez une bande de crinoline à plat sur la couture pour la lisser. Cousez le fil de la taille de la tête à l'endroit marqué, qui sera à un demi-pouce du bord intérieur. Gardez toutes les jointures à l'arrière. Coupez le bougran du bord intérieur jusqu'au fil de la taille de la tête tous les demi-pouces. Filez le bord du bord et recouvrez le fil de crinoline – même méthode que celle utilisée pour le bord du marin.

POUR COUVRIR UN BORD EN FORME DE CHAMPIGNON -

S'il n'est pas très tombant, il peut être recouvert sans faire de couture dans le tissu. Pour ce faire, commencez par placer le coin du tissu sur le dessus, à l'avant du bord. Épinglez le devant, le dos et chaque côté, en tirant toujours avec le fil du tissu, et épinglez étroitement le bord, avec des épingles perpendiculaires au bord. S'il est recouvert de georgette, de satin ou de soie, qui est souple, le volume peut être entièrement travaillé sans couture. Bâtissez près du fil de la taille de la tête et terminez le bord en suivant la même méthode que celle utilisée pour finir le bord du marin. Suivez également la même méthode avec le parement. Si le matériau utilisé n'est pas souple ou si le bord est trop tombant pour permettre d'étirer le tissu en douceur, une couture doit être réalisée à l'arrière. La méthode serait la même que celle utilisée pour recouvrir le bord roulé.

Matériaux transparents —

En recouvrant avec quelque chose d'aussi transparent que la georgette, il est conseillé de d'abord recouvrir avec un autre matériau. La couleur pourrait être rendue plus profonde en utilisant une doublure de la même couleur, ou rendue plus pâle en utilisant une doublure blanche. La doublure doit être ajustée et cousue avec le matériau extérieur.

Patron de chapeau à bord roulé ou ajusté —

Le motif de n'importe quel chapeau est d'abord découpé dans une feuille de papier plate. La taille de la tête est marquée comme pour un marin plat et le fil de la taille de la tête est épinglé. Le motif est ensuite coupé sur le fil de la taille de la tête à partir du bord extérieur, les barres obliques se chevauchent et sont épinglées. Si le chapeau doit être enroulé plus étroitement d'un côté que de l'autre, il faudra y placer le plus grand nombre de coupures. De cette façon, le motif peut être ajusté à n'importe quelle forme souhaitée. Il est parfois avantageux de découper le motif en papier à l'arrière, en laissant des épingles dans les barres obliques, et de le disposer à plat sur une autre feuille de papier pour créer un nouveau motif. Cela élimine certaines barres obliques et facilite les expériences ultérieures. La création de patrons est très importante et il est extrêmement important de réaliser autant de patrons que possible avant de couper le tissu de base. Changer un modèle le moins du monde fait parfois une grande différence dans son devenir. Bien sûr, un bord peut être modifié en ajoutant une barre oblique ou deux dans le bougran, ou en insérant une forme en V pour donner plus d'éclat, mais moins il y a de coutures, mieux c'est pour la monture du chapeau. Un bord roulé ou ajusté est plus difficile à couvrir qu'un bord marin ou un champignon.

Pour couvrir un bord bien ajusté ou roulé —

Placez le coin du tissu sur le bord avant et épinglez-le sur le bord. Utilisez toujours la même méthode d'épinglage sur le bord que celle indiquée dans la première leçon. Tirez le matériau jusqu'au fil et à la goupille de la tête . Travaillez le tissu doucement vers la gauche et épinglez sur le bord ; également au niveau du fil de tête . Procédez ensuite de la même manière vers la droite en épinglant toujours au plus près. Assurez *-vous* de garder le matériau serré et lisse à la fois au bord et au niveau du fil de la tête . Laissez la plénitude aller où elle veut. La couture doit être située au milieu du dos. Coupez tout le tissu superflu en laissant une couture de trois huitièmes de pouce au centre du dos. Retournez les bords bruts les uns des autres au niveau de la couture et cousez soigneusement ensemble.

Pour coudre une couture au point coulé —

Faites passer l'aiguille à travers le bord du pli d'un côté et insérez l'aiguille à travers le bord du pli de l'autre côté exactement opposé. Glissez l'aiguille dans ce pli d'un huitième de pouce, puis amenez l'aiguille jusqu'au bord du pli et prenez un point de long d'un huitième de pouce dans le pli de l'autre côté, en faisant toujours attention de commencer le point. exactement à l'opposé de la fin de celle qui précède. Essayez de couper le matériau de l'intérieur du fil de la taille de la tête en un seul morceau afin qu'il puisse être utilisé pour autre chose. Examinez attentivement le matériau pour vous assurer qu'il s'adapte parfaitement. Bâtir avec un point de piqûre près du fil de la taille de la tête à l'extérieur ; retirez toutes les broches dès que possible. Après avoir badigeonné cela, vous constaterez parfois que le matériau a besoin d'un peu plus d'ajustement au niveau des bords. Retournez le velours sur le bord d'un quart de pouce et cousez avec un point de surfilage.

COLLER DU VELOURS JUSQU'AU BORD -

Lorsqu'il y a un enroulement décidé jusqu'au bord, il est parfois très difficile de garder le velours lisse et de le faire reposer près du bord, c'est pourquoi nous avons recours à la colle de modiste. N'utilisez pas de colle sur du satin, ni sur tout tissu plus fin que le velours, ni sur tout cadre autre que le bougran. Il faut toujours veiller à ce que le côté lisse du bougran soit sur le dessus lorsque le velours doit être collé.

Après avoir soigneusement ajusté le velours et cousu la couture à l'arrière, retirez les épingles du bord extérieur et rassemblez le velours à l'intérieur de la tête où il doit être maintenu pendant que la colle est étalée sur le bougran. La colle doit être répartie de manière très uniforme. Il sera plus facile de coller la couture du velours ouverte avant d'aller plus loin. Faites très attention à garder la colle éloignée du côté droit du velours. Ensuite, frottez la colle sur le cadre avec une brosse dure jusqu'à ce qu'elle soit lisse, puis étalez le velours en place, en le pressant et en le lissant avec les mains pour retirer le fil de la tête . Surveillez attentivement les endroits où il n'y a pas suffisamment de colle, car le matériau peut être soulevé avant qu'il ne soit sec et que davantage de colle soit ajoutée. Ne cousez pas le bord tant que la colle n'est pas sèche. Habituellement, seul le matériau situé sur la partie supérieure du bord doit être collé. Le parement peut être posé selon vos envies. Parfois, le haut d'une couronne présente des indentations, puis le velours peut être collé pour rester en place.

La face inférieure ou extérieure peut être ajustée plus facilement à un bord roulé ou ajusté que la partie supérieure. En commençant par l'avant par le coin du tissu, épinglez le bord et le fil de la tête . Gardez le matériau lisse ; travaillez de droite à gauche, puis de gauche à droite. Travaillez le matériau autour de l'endroit où la couture doit être réalisée. Coupez tout le matériel superflu, en laissant trois huitièmes de pouce pour une couture. Cousez ensemble comme pour le dessus et terminez le bord sur du fil. Dans la mesure du possible, une couture doit être réalisée sur le droit du matériau.

Il existe deux méthodes pour fabriquer une couronne froncée en tissu dans laquelle du taffetas, du satin, de la georgette ou du velours peuvent être utilisés. Le velours est particulièrement beau ainsi confectionné. La première méthode est la préférée. Coupez un morceau de tissu circulaire, ayant un diamètre égal à la longueur de la couronne d'avant en arrière, mesurant au-dessus du fil de la tête , plus quatre pouces.

Sur l'envers du matériau, marquez des cercles (concentriques) espacés d'un demi-pouce, après avoir d'abord marqué un cercle au centre d'environ trois pouces de diamètre. Rassemblez sur la ligne de chaque cercle avec un point courant fin et faites passer le fil sur le côté droit lorsque chaque cercle est terminé.

Localisez le centre exact du sommet de la couronne et découpez un petit trou à ce stade. Tirez fermement sur le fil du plus petit cercle. Cela formera un sac qui devra être tiré vers le bas à travers le trou pratiqué au centre du haut de la couronne et cousu solidement en place. Le matériau doit être épinglé en quatre points égaux au bord de la couronne, les fils des autres cercles tirés vers le haut jusqu'à ce que le matériau s'adapte parfaitement à la couronne. Ajustez la plénitude uniformément et cousez en place. C'est un excellent moyen d'utiliser du vieux matériel qui autrement présenterait des marques ou tout autre défaut.

La seconde méthode ne produit pas un effet aussi agréable, mais peut être utilisée lorsque le matériau se trouve dans une forme telle qu'il est impossible de découper un cercle. Une bande de biais d'environ huit pouces de large et suffisamment longue pour atteindre la couronne, plus trois ou quatre pouces, doit être jointe sur le fil longitudinal du matériau. Le premier froncement ou froncement doit être à un demi-pouce du bord, les fils supplémentaires doivent être passés uniformément tous les demi-pouces. Le premier fil près du bord doit ensuite être tiré aussi étroitement que possible et ce bord poussé à travers le trou situé en haut de la couronne. Cette méthode nécessitera une ouverture un peu plus grande que la première. Le matériau est ensuite étiré vers l'extérieur et épinglé au bas de la couronne ; les fils sont ensuite tendus et fermes et sont attachés. Ajustez ensuite les fronces uniformément et cousez en place.

CHAPITRE III

CADRES DE NETEEN ET CRINOLINE

POSEZ le motif sur le neteen de manière à amener le biais là où la plus grande quantité de rouleau doit être, puis coupez en faisant les mêmes tolérances que s'il était coupé dans du bougran. Ce matériau doit être utilisé en double pour obtenir les meilleurs résultats. Coupez d'abord une épaisseur et épinglez-la sur une autre pièce de manière à ce que le fil de chaîne d'une pièce soit parallèle au fil de trame de l'autre pièce. Coupez les deux morceaux de la même taille et avant de retirer les épingles, badigeonnez étroitement tout le bord avec du fil fin, en faisant des points d'un pouce . Pour cela, il convient d'utiliser du fil fin, car un fil grossier pourrait apparaître à travers le revêtement.

POUR JOINDRE LA COUTURE DANS LE DOS —

Insérez une épaisseur entre les deux autres extrémités et cousez étroitement. Cette méthode devrait permettre d'obtenir une couture assez lisse. Couvrez la couture d'une bande de crinoline pour la lisser.

POUR COUDRE DU FIL DE BORDURE SUR LES NETEEN —

Il est difficile de coudre du fil de bordure sur les dix-neufs . Un bon résultat est cependant obtenu en cousant le fil directement sur le bord ou en recouvrant d'abord le bord avec de la crinoline et en cousant le fil dessus. Il faut faire très attention lors de la manipulation du neteen pour préserver sa forme, car il s'étire très facilement et se déforme lors de la couture sur le fil de bordure. La même méthode est utilisée pour recouvrir un cadre neteen comme pour le cadre bougran. Le velours, si du velours est utilisé, peut être collé, mais le matériau est tellement poreux qu'il n'est pas très satisfaisant. Le neteen et la crinoline constituent d'excellentes bases pour les chapeaux tressés, car ces matériaux sont légers, doux et souples. Ils conviennent également très bien pour les chapeaux d'enfants.

POUR FABRIQUER UNE ARMATURE DE TURBAN EN NETEEN OU EN CRINOLINE -

Réalisez la couronne latérale à partir d'un pli en biais de neteen ou de crinoline, à la hauteur souhaitée, plus un pouce. La longueur doit correspondre à la mesure du tour de tête plus un demi-pouce. Cela permet une petite éruption près du visage qui est généralement plus seyante. Joignez les extrémités des bandes de biais sur le fil de chaîne.

POUR CÂBLER UN TURBAN ÉVASÉ -

Cousez le fil de la taille de la tête à un pouce du bas, en faisant attention de ne pas étirer ou remplir le tissu. Coupez un autre morceau de fil de renfort d'un ou deux pouces plus grand que le fil de la taille de la tête et cousez le bord brut en bas, en étirant le tissu pour l'ajuster si un évasement est souhaité. Un rouleau peut être réalisé en remplissant légèrement le tissu sur le fil, qui doit être plus petit que pour un évasement. Si le côté de la couronne doit être légèrement courbé, cela se fait facilement en collant le côté à mi-chemin entre le haut et le bas, en tirant le ruban aussi serré que nécessaire. Épinglez ensuite le ruban et cousez en place. Cousez un autre fil suffisamment haut au-dessus du ruban pour que la couronne ait la hauteur requise. Si la couronne doit être un peu évasée en haut, cousez le fil à l'intérieur et étirez le tissu autant que vous le souhaitez. Si le haut de la couronne doit être rentré, cousez le fil à l'extérieur, ce qui rendra la couronne légèrement plus petite en haut. Si suffisamment de matériau est autorisé au sommet, la quantité supplémentaire peut être tirée sur un petit cercle de fil pour former le dessus de la couronne, mais une pièce supplémentaire coupée à cet effet est plus satisfaisante. Une couronne lisse peut être réalisée à partir d'une pièce supplémentaire cousue sur le dessus une fois le côté terminé.

TURBANS COUVRANTS —

Les turbans se déclinent en de nombreux types et conviennent particulièrement à la matrone. Des revêtements gays sont souvent utilisés sur eux alors qu'ils ne seraient pas à leur place sur un chapeau plus grand. Cependant, n'importe quel matériau peut être utilisé ; tresses, seules ou en combinaison avec du tissu. Des velours, de la georgette, du satin et du taffetas sont utilisés. Un turban entièrement recouvert de fleurs cousues à plat fait un charmant chapeau : le bord inférieur est invariablement plus beau s'il est d'abord noué avec un biais de velours, quel que soit le revêtement - il semble donner un aspect plus doux autour du visage. Une couronne ronde en bougran constitue un bon cadre de turban si une bande de biais en crinoline d'un pouce de large est cousue sur le bord inférieur pour donner un peu d'éclat. Un cadre de ce genre peut être drapé de velours, de satin, de georgette ou de tout autre matériau souple, et lorsqu'il est habilement réalisé, l'effet est vraiment magnifique.

CHAPITRE IV

MAQUETTES

ÉQUIPEMENT

- Fil de renfort ou fil de cadre

- Fil de cravate

- Fil à ressort

- Pinces

POUR OUVRIR UNE BOBINE DE FIL -

Tenez la bobine dans la main gauche ; détachez-le et laissez-le se détendre progressivement dans la main ; passez-le sur le bras et frappez-le jusqu'à ce que les bobines se séparent.

POUR COUPER DU FIL -

Placez le fil fermement et d'équerre entre les mâchoires de la pince à l'endroit où ils coupent et appuyez vers le bas. Assurez-vous de couper dès la première tentative ; sinon, si le fil est marchandé, les pinces sont blessées et la gaine se détache aux extrémités du fil, ce qui rendra impossible leur nouage.

POUR REDRESSER LE FIL -

Passez le fil entre le pouce et l'index avec un mouvement de balayage. Un morceau de tissu ou de papier peut être tenu dans la main si les doigts deviennent sensibles. Ne faites pas de petites bosses sur le fil en essayant de le redresser, car il sera impossible de les retirer.

POUR ATTACHER DU FIL -

Extrémités du fil de renfort parallèles.

Angles droits liés en diagonale.

Fil de renfort attaché sans utilisation de fil d'attache .

Avant de commencer à fabriquer un cadre en fil de fer, on gagnera du temps et on gagnera l'expérience nécessaire en attachant quelques petits morceaux de fil de fer, jusqu'à ce qu'un joint solide puisse être réalisé. Coupez cinquante morceaux ou plus de fil d'attache de trois quarts de pouce de long. Coupez deux morceaux de renfort ou de fil de cadre de deux ou trois pouces de long. Enroulez les extrémités du fil épais sur un pouce, puis enroulez l'un

de ces morceaux de fil d'attache une fois aussi près que possible de l'extrémité
du fil de renfort. Tenez dans la main gauche et avec l'extrémité de la pince,
saisissez les extrémités du fil d'attache aussi près que possible du fil de renfort
et tournez fermement jusqu'à ce que le joint soit ferme. Remettez un peu la
pince et tournez plusieurs fois jusqu'à ce qu'un petit câble se forme. Coupez-
le en laissant une extrémité d'un huitième de pouce. Appuyez sur cette
extrémité à plat avec les mâchoires de la pince. Attachez l'autre extrémité de
la même manière. Pratiquez-le jusqu'à ce qu'un joint satisfaisant puisse être
réalisé facilement, avant d'essayer de fabriquer un cadre en fil de fer.

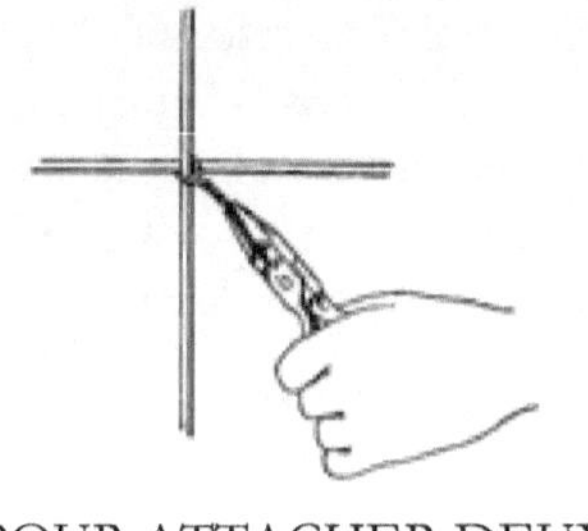

POUR ATTACHER DEUX
FILS EN DIAGONALE À
L'AIDE D'UN FIL
D'ATTAQUE

POUR ATTACHER DEUX
FILS AVEC DU FIL
D'ATTAQUE

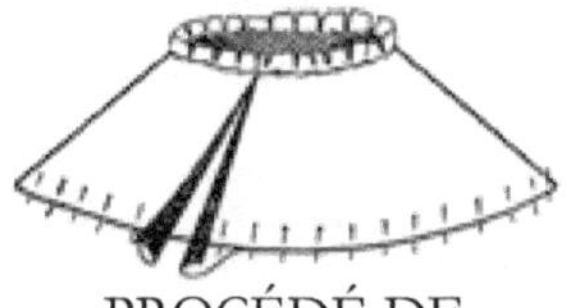

PROCÉDÉ DE
FABRICATION D'UN
MOTIF EN PAPIER
POUR BORD tombant

MÉTHODE
D'ÉPINGLEMENT DU
TISSU SUR UN BORD
TOMBANT

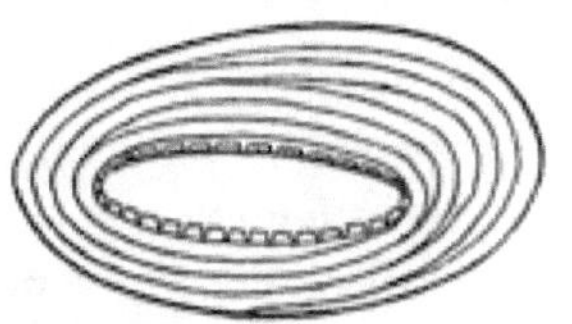

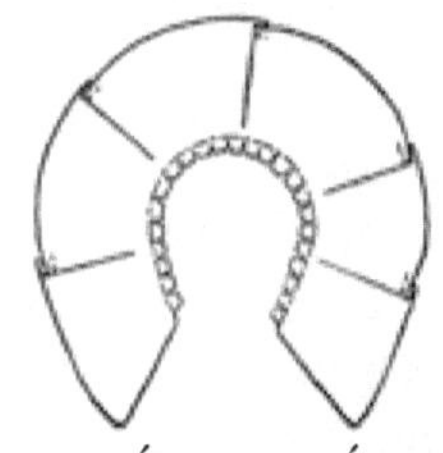

BORD RECOUVERT DE
TRESSE MONTRANT LA
MÉTHODE DE
REMPLISSAGE SUR DE
COURTES LONGUEURS
LORSQUE LA
DIFFÉRENCE DE

MOTIF ÉPINGLÉ DANS
DES PLIS POUR DES
BORDS EN FORME DE
TISSU. L'ILLUSTRATION
MONTRE UN MOTIF
ÉPINGLÉ SUR

POUR FIXER DEUX MORCEAUX DE FIL DE RENFORT EN DIAGONALE :

POUR FIXER DEUX MORCEAUX DE FIL DE RENFORT SANS UTILISER DE FIL D'ATTACHE -

Tenez le brin de fil contre le fil auquel il doit être attaché, à angle droit par rapport à celui-ci, avec environ deux pouces et demi ou trois pouces s'étendant au-delà du point auquel la torsion doit être effectuée. Appuyez sur l'extrémité tout droit vers l'arrière, près et parallèlement à l'autre extrémité du fil. La fin devrait faire un tour et demi. Utilisez les mâchoires de la pince pour presser les fils parallèles dans la torsion ensemble et pour serrer la torsion. Coupez l'extrémité et utilisez la pince pour appuyer sur l'extrémité à plat.

POUR FABRIQUER UNE ARMATURE EN FIL DE FER POUR UN CHAPEAU À BORD PLAT ET À COURONNE CARRÉE :

N'oubliez jamais que cela simplifiera grandement le travail en créant d'abord un patron en papier pour chaque chapeau. Un chapeau est rarement fabriqué avec toutes les sections du bord de même largeur, et c'est l'une des raisons importantes pour lesquelles il est plus satisfaisant de commencer par créer un modèle en papier.

MODÈLE POUR LE BORD —

Réalisez le même motif que pour un marin à bord droit, en prenant soin de plier le motif en deux d'avant en arrière et de le plier fortement. Pliez les moitiés en quarts et les quarts en huitièmes et pliez. Il s'agit de déterminer la position des rayons métalliques dans le bord. Les huit plis correspondront aux huit rayons du bord ; c'est le nombre correct de rayons.

DE TAILLE DE TÊTE POUR ARMATURE EN FIL DE FER —

Une armature métallique a besoin de deux fils de la taille de la tête , alors coupez-en deux identiques, en vous rappelant toujours que le fil de la taille de la tête est le fil le plus important de tout chapeau, car le confort du porteur dépend des mesures prises pour ce fil. Mesurez comme pour la taille de la tête d'un chapeau en tissu, en chevauchant les extrémités d'un pouce et en les attachant. Essayez ces fils et formez-les pour les adapter à la tête. Ils doivent généralement être allongés de deux pouces.

Épinglez le fil de la taille de la tête sur le patron en papier, en plaçant la jonction sur le pli arrière et le centre exact du devant du fil sur le pli avant ; épinglez ensuite solidement les côtés, en prenant soin de garder le fil en forme pour s'adapter à la tête. Laissez un demi-pouce à l'intérieur du fil et coupez chaque demi-pouce jusqu'au fil de la taille de la tête . Le modèle peut maintenant être essayé sur la tête pour effectuer les modifications nécessaires. Le motif du bord peut être ajouté ou coupé.

MESURES DE TRAVAIL NÉCESSAIRES —

Faites une marque au crayon sur le motif autour du fil de la taille de la tête . Avant de retirer le fil, marquez les huit points différents où il croise les plis du motif en papier. Retirez le fil du motif.

BÂTONS POUR LE BORD —

Redressez et coupez quatre morceaux de fil de fer de la longueur du diamètre du bord plus trois pouces pour la finition. Placez l'un de ces bâtons sur le fil de la tête d'avant en arrière sur les marques faites par le crayon, en permettant aux extrémités de s'étendre sur une longueur égale. Fixez-le au fil de la tête avec du fil d'attache. Placez le bâton suivant d'un côté à l'autre, en joignant les marques de crayon. Les deux bâtons restants, placés sur les marques restantes, divisent le cercle en huitièmes. C'est ce qu'on appelle le squelette du bord ; les fils sont nommés *avant* , *arrière* , *côté droit* , *côté gauche* , *côté droit avant* , *côté droit arrière* , *côté gauche avant* , *côté gauche arrière* . La position de ces extrémités ou rayons doit correspondre aux plis du motif en papier, et la longueur de chacun doit être déterminée en mesurant le pli correspondant sur le motif.

FIL DE BORDURE —

Coupez un cercle de fil de renfort de la longueur exacte de la circonférence du bord plus un pouce pour le recouvrement et l'attache. Posez-le près du bord du motif et marquez dessus avec un crayon l'endroit où chaque pli le touche, en gardant toujours les extrémités nouées sur le pli arrière. Si ces mesures sont soigneusement prises, le bord sera exactement comme le motif.

POUR JOINDRE UN FIL DE BORDURE :

Commencez par l'arrière et placez la marque sur le fil de bordure du rayon arrière au niveau de la marque au crayon. Torsadez l'extrémité du rayon une fois et demie autour du fil de bordure, en utilisant les mâchoires de la pince pour serrer la torsion. Coupez l'extrémité et appuyez sur l'extrémité coupée à plat avec la pince. Terminez ensuite le rayon central avant, puis les côtés et ceux intermédiaires. Cela dépend en grande partie de la précision dans la fabrication d'une armature métallique acceptable. Ajoutez autant de cercles de fil entre le fil de bordure et le fil de tête que vous le souhaitez, en les fixant aux rayons avec du fil d'attache. Gardez tous les tours de fils à l'arrière du rayon central.

COL DE BORD —

Coupez le fil à l'intérieur du fil de la tête au centre. Torsadez ces fils une fois et demie autour du fil de la tête , en amenant les extrémités à angle droit par rapport au fil de la tête . Joignez le deuxième fil de tête au sommet de ces fils, en utilisant la même méthode que pour joindre le fil de bordure. Ce collier peut être rendu très bas ou aussi haut que les fils le permettent. Une couronne de fil séparée n'est pas toujours utilisée dans un chapeau recouvert d'un matériau très transparent ou d'une tresse transparente. Dans un tel cas, le collier serait rendu aussi haut que possible pour constituer un support pour la garniture de la couronne.

COURONNE CARRÉE POUR ARMATURE MÉTALLIQUE —

Redressez le fil de renfort et coupez quatre bâtons ou morceaux suffisamment longs pour atteindre la base de la couronne à l'avant, sur la couronne proposée, jusqu'à la base de la couronne à l'arrière, en laissant huit pouces pour la finition. Coupez et joignez un petit cercle de fil de renfort (environ trois pouces de diamètre) pour le dessus de la couronne. Posez les quatre bâtons sur ce cercle en le divisant en huit sections égales comme au début du bord, et joignez-les aux bâtons avec du fil d'attache. Coupez un morceau de fil de renfort d'un pouce plus petit que le fil de la tête . Superposez les extrémités et attachez ce fil. Allonger légèrement. Joignez-vous aux bâtons à l'extérieur du petit cercle. Gardez toutes les extrémités chevauchées des cercles sur le rayon central arrière. Pliez les rayons *sur* ce cercle, puis mesurez à partir de ce cercle la hauteur de la couronne et marquez les rayons avec un crayon. Soyez très précis.

FIL DE BASE POUR COURONNE —

Mesurez et coupez une longueur de fil de renfort d'un demi-pouce plus longue que pour le fil de la taille de la tête . Superposez les extrémités sur un pouce et joignez-les avec du fil d'attache. Le fil de base de toute couronne séparée doit être suffisamment grand pour s'adapter au fil de la taille de la tête sur le bord. Placer ce cercle, après l'avoir façonné comme le fil de la taille de la tête , à l'intérieur des rayons au point marqué, en commençant au milieu arrière, et terminer comme n'importe quel fil de bordure en tordant une fois et demie les extrémités des rayons autour du fil. . Appuyez fermement sur les fils avec la pince. Coupez les extrémités et appuyez à plat avec les mâchoires de la pince. De nombreux autres cercles peuvent être ajoutés et attachés avec du fil d'attache si vous le souhaitez ; d'autres rayons peuvent également être ajoutés. Cela serait souhaitable si le cadre doit être recouvert de tresse ou s'il est utilisé pour bloquer le tissu des cadres.

CHAPEAUX TRANSPARENTS —

Si une armature en fil de fer doit être recouverte d'un matériau fin, il convient d'accorder beaucoup de soin et de réflexion à l'armature, car elle fait alors partie de la conception du chapeau. Un fil plus fin est parfois utilisé dans ce cas, ou un beau cadre peut être réalisé pour des matériaux fins en utilisant un fil de câble recouvert de satin et en utilisant le moins de fils possible. Il peut sembler conseillé, après la réalisation d'une armature en fil de fer, de couper certains fils.

CHAPITRE V

COURONNE RONDE DE FIL

UNE COURONNE RONDE est une couronne qui s'arrondit de la pointe à la base. Redressez, mesurez et coupez d'abord quatre bâtons de fil de renfort, comme pour une couronne carrée, de longueur ordinaire, permettant la finition. Coupez et joignez les extrémités d'un petit morceau de fil de renfort de cinq ou six pouces de long. Cela fait un petit cercle pour le haut de la couronne. Commencez par attacher les bâtons à travers ce cercle en dessous, en le divisant en moitiés, quarts et huitièmes, en prenant soin que les divisions soient faites avec précision et que les bâtons s'étendent sur une longueur égale à partir du cercle. Gardez ces fils *à plat* sur ce cercle. Les bâtons peuvent maintenant être courbés vers le bas. Il s'avère parfois plus facile de fixer le fil de base à ce stade avant d'ajouter d'autres cercles.

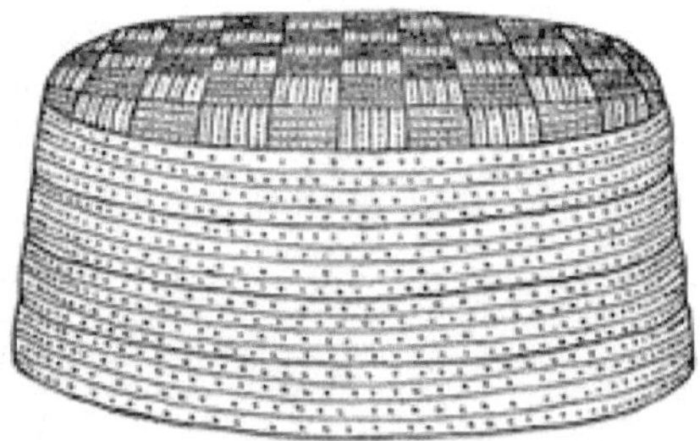

POINTE DE COURONNE FANTAISIE DE TRESSE

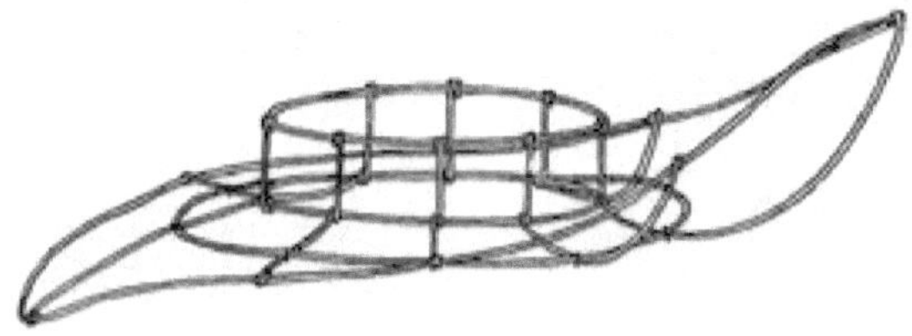

BORD EN FIL ROULANT. ON PEUT UTILISER HUIT RAYONS DE PLUS ET AUTANT DE CERCLES QUE SOUHAITÉ, SELON LE REVÊTEMENT UTILISÉ

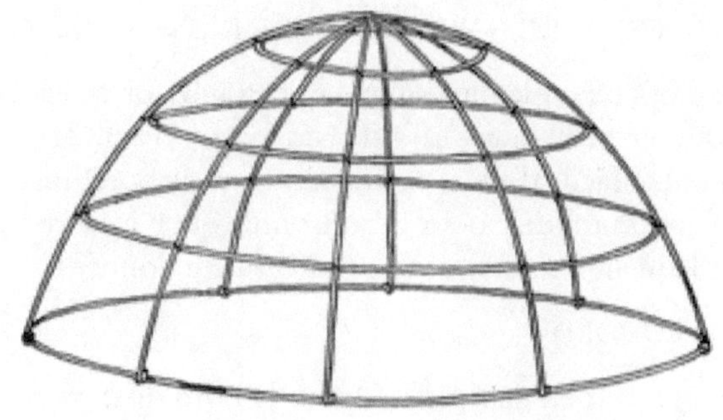

COURONNE RONDE DE FIL

Coupez un morceau de fil de renfort d'un demi-pouce plus long que le fil utilisé pour le fil de la taille de la tête . Superposez les extrémités sur un pouce. Donnez-lui la même forme que le fil de la tête et testez la taille en l'essayant sur le fil de la tête sur le bord pour lequel la couronne est faite. Une hauteur ordinaire pour une couronne ronde serait de sept pouces de la pointe à la base du fil, mais pour être sûr, il est toujours préférable de mesurer la tête. Parfois, en raison d'une abondance de cheveux ou d'une coiffure haute, une plus grande hauteur est nécessaire. Si le fil de base est allongé pour s'adapter à la tête, la mesure latérale de la pointe à la base de la couronne sera plus courte que celle de la pointe à l'avant et à l'arrière. Il sera très utile de prendre une vieille couronne qui a une tête allongée et soit de la mesurer et de travailler à partir des mesures, soit de travailler dessus.

La couronne doit être égale en bas une fois terminée, et lorsqu'elle est placée sur la table, elle doit reposer uniformément. Le fil de base peut être attaché avec du fil d'attache sur les rayons avant et arrière et sur les rayons de chaque côté jusqu'à ce que les cercles entre celui-ci et la pointe de la couronne soient ajoutés. Il sera alors facile de l'ajuster avant de terminer les fils ; c'est-à-dire que la couronne peut être rendue plus haute ou plus basse.

CERCLES OU CERCEAUX —

Ajoutez trois cercles de fil entre le fil de base et le petit cercle en haut. Le premier cercle juste au-dessus du fil de base doit être de la même taille. Gardez tous les tours de fils à l'arrière. Les deux autres cercles épouseront la forme de la couronne et se trouveront un peu plus écartés à l'avant et à l'arrière que sur les côtés.

POUR FINIR LA BASE DE LA COURONNE —

Les rayons de la couronne peuvent maintenant être nettement tournés vers l'endroit où le fil de base doit être fixé et terminés de la même manière que le fil de bordure sur le bord.

Le cadre en fil de fer le plus simple qui ait une forme est celui en forme de champignon ou celui qui s'affaisse un peu. Avant de commencer ce chapeau, il sera plus facile d'avoir un modèle pour le bord, mais il ne sera pas nécessaire de faire un modèle pour la couronne, qui peut être soit ronde, soit carrée, et pour laquelle des indications ont déjà été données.

MODÈLE POUR LE BORD —

Réalisez un motif en papier kraft pour le bord de la même manière que pour une forme en tissu, en suivant les mêmes instructions. Il peut s'affaisser très peu ou être assez serré. Dans les deux cas, la méthode est la même.

Épinglez le fil de la taille de la tête sur ce motif et essayez de le façonner. Marquez sur le fil l'endroit où les plis touchent le fil. Il est important de ne pas se précipiter à ce stade. Créez de nombreux modèles, puis choisissez celui qui vous convient le mieux. Une fois le motif perfectionné, pliez-le nettement comme pour le bord du marin. Prenez toutes les mesures de ce modèle et utilisez-les pour marquer les fils. Ce motif de bord n'est pas nécessaire tant que la couronne n'a pas été réalisée. En fabriquant une armature en fil de fer d'une seule pièce, nous commençons par le haut de la couronne et descendons.

COURONNE —

Mesurez quatre bâtons comme pour la couronne de la leçon précédente, plus la largeur du bord, plus six pouces pour la finition. C'est suffisant pour finir les deux extrémités du fil, mais comme les extrémités s'effilochent facilement, il est préférable d'avoir une marge généreuse. Commencez par la pointe de la couronne et descendez jusqu'à ce que vous soyez prêt à passer le fil de la tête . Le dernier fil est ou devrait être de la même taille que le fil ordinaire . Placez le tour du fil de la taille de la tête sur le rayon arrière de la couronne et joignez-le en tournant les rayons d'un tour et demi. Joignez les rayons avant et les rayons restants de la même manière, en prenant soin de joindre l'endroit où le fil a été marqué au niveau des plis du motif.

BORD —

Nous sommes maintenant prêts à utiliser les mesures prises à partir du patron. Marquez la longueur de chaque rayon avec un crayon ; la distance entre eux doit être marquée sur le fil de bordure. Ces mesures sont tirées du patron. Terminez le bord de la même manière que le bord du marin. Ajoutez autant de cercles que vous le souhaitez entre le fil de bordure et le fil de la taille de la tête .

Nous avons désormais réalisé en fil de fer la première variante à partir d'un bord parfaitement plat. Faites toujours un patron avant de réaliser un fil de fer sauf lors de la copie et des mesures peuvent alors être prises à partir du chapeau à copier. Voici quelques-unes des raisons pour lesquelles le motif est important : d'abord, il peut être essayé, ce qui permet de décider si le style est convenable, avant de l'élaborer en fil de fer ; deuxièmement, la position des fils peut être déterminée et marquée sur le modèle en papier ; troisièmement, plus le travail est effectué à partir d'un modèle en papier, plus il sera facile à copier ; quatrièmement, il entraîne l'œil, ce qui facilite grandement le travail à main levée.

UN BORD ROULANT -

Que le chapeau soit réalisé d'une seule pièce ou avec un bord séparé, la même méthode est utilisée. Tout d'abord, comme toujours, le patron en papier. Si le bord doit rouler étroitement d'un côté et beaucoup plus haut que de l'autre, des fils supplémentaires seront nécessaires pour remplir l'espace. Leur emplacement peut être déterminé sur le patron en papier. Ils peuvent faire tout le tour, en étant rapprochés plus étroitement sur le côté bas ou seulement partiellement comme dans l'illustration.

La fabrication de cadres en fil de fer demande beaucoup de patience et de pratique. C'est un art, comme toute chapellerie est un art. Les lignes sont toutes importantes. Pour cette raison, je recommande vivement la création de modèles. Même si l'on ne possède pas les principes fondamentaux de l'art, quelque chose de vraiment bien se développe souvent et nous constatons que nous avons construit mieux que ce que nous imaginions. Cela stimule l'originalité, mais il faut travailler sans *crainte* .

POUR COLORER LES FILS DE FER —

Les fils sont disponibles en noir et blanc. Un cadre blanc peut être coloré pour correspondre à n'importe quel tissu transparent utilisé pour son revêtement. Il s'avérera plus simple de colorer le cadre une fois celui-ci réalisé. N'importe lequel des colorants à froid ou au savon peut être utilisé. Si ceux-ci ne sont pas disponibles, un morceau de velours imbibé d'alcool et frotté sur l'armature donnera suffisamment de couleur pour teinter le fil. Du papier crépon peut également être utilisé, ou des peintures à l'aquarelle. Le Rouge peut être utilisé efficacement s'il est humidifié. Il existe également des fils d'or et d'argent qui peuvent être utilisés pour les cadres si vous le souhaitez et qui ajouteront à la beauté du design. S'ils ne peuvent pas être achetés, un cadre en fil blanc peut être doré en utilisant de la dorure liquide, en l'appliquant sur le cadre avec un petit pinceau.

BORDS DU CHAPEAU HALO —

Les bords Halo peuvent être fabriqués à partir de n'importe quel tissu, mais pour être efficaces, le matériau doit être transparent. Malines, filets, crêpe georgette ou mousseline sont tous utilisés à bon escient dans la confection de ce style de chapeau. De jolis bords en forme de halo ont été fabriqués à partir d'anciennes tailles en georgette, en utilisant le dos pour le bord et le devant et les manches pour la couronne.

Seuls deux fils sont utilisés pour fabriquer ce bord, le fil de bordure et le fil de la tête . La taille du bord doit être déterminée, puis un cerceau de fil à ressort coupé juste sur la longueur de la circonférence du bord. Ce fil est découvert ; les extrémités se rejoignent et sont jointes à l'aide d'une petite pince, les extrémités étant insérées et enfoncées avec les mâchoires de la pince.

Placez le matériau à partir duquel le bord doit être fabriqué sur une surface plane. S'il s'agit de maline, plusieurs épaisseurs peuvent être utilisées. Fixez légèrement ce matériau à la table avec des épingles ou des punaises. Posez un cercle de fil à ressort sur le matériau et épinglez-le en place. Commencez par épingler l'arrière, le devant, puis chaque côté, en prenant soin de ne pas déformer le fil. Reprenez le travail et épinglez étroitement le matériau tout autour du bord. Coupez en laissant un quart de pouce pour retourner le fil. Cousez étroitement au fil avec un point de surfilage ou avec un point courant juste à l'intérieur du fil. Le bord peut être relié par un pli du même matériau, un pli de satin ou un rang de galon.

DE TAILLE DE TÊTE POUR BORD HALO —

Ce fil de tête est constitué de fil de cadre. Mesurez d'abord, puis coupez, joignez les extrémités et façonnez comme pour n'importe quel chapeau. Posez le fil de tête sur le matériau, en ayant la jonction à l'arrière. L'avant et l'arrière du bord, s'ils sont de largeur égale, seront un peu plus étroits que le côté en raison du fil de fer allongé ; cependant, le fil de la taille de la tête peut être placé sur le bord dans n'importe quelle position souhaitée. Épinglez et cousez avec un point de surfilage. Coupez le matériau à l'intérieur du fil de la tête , en laissant une extension d'un quart de pouce à retourner ; il s'avérera nécessaire de le coudre sur le fil, ce qui rendra le bord plus sûr.

Une autre méthode de fabrication d'un bord en forme de halo consiste à couper un morceau de tissu en biais, deux fois plus large que le bord et aussi long que la circonférence. Étirez ce morceau de tissu, puis épinglez le centre de la bande sur le fil de bordure, rassemblez les bords bruts pour les adapter au fil de la taille de la tête et cousez en place. Cette méthode ne permet pas d'obtenir un bord lisse, mais est réalisée plus rapidement. Lorsque deux épaisseurs de matériau transparent sont utilisées pour les bords du halo, un très joli effet est obtenu en plaçant des fleurs plates, des pétales de fleurs ou des plumes entre les deux matériaux.

Cela peut être très transparent, bien qu'un bord en forme de halo puisse être utilisé sur une couronne tressée ou en satin si vous le souhaitez. Une couronne métallique pour un bord en forme de halo se compose généralement d'un simple collier de fil de fer de plusieurs pouces de haut. Ceci est cousu au fil de la taille de la tête . Le revêtement de la couronne a généralement la forme d'un cercle d'environ quatorze pouces de diamètre, avec le même nombre d'épaisseurs que le bord. Rassemblez un quart de pouce du bord, ajustez la plénitude et cousez au fil de la taille de la tête . La hauteur de la couronne dépend du style de coiffure. Placez une bande du même matériau que la couronne, ou un ruban étroit, autour de la base de la couronne pour couper et dissimuler les fils. Un arc filaire en matériau transparent peut être utilisé très efficacement. (Voir le chapitre « Arcs ».)

CHAPITRE VI

COUVRE-CHAPEAU

Couvrir de tresse -

Il faut faire preuve DE BEAUCOUP DE SOIN ET DE PATIENCE POUR RECOUVRIR UN CHAPEAU D'UN GALON DE PAILLE. Les lignes qui doivent être soulignées doivent être soigneusement étudiées, car il existe plusieurs méthodes utilisées pour poser la tresse sur les cadres. (Voir l'illustration .)

Le point utilisé pour coudre la tresse est toujours le même : un point très court sur l'endroit et un point d'un quart de pouce de long sur l'envers. Le fil ne doit pas être trop tendu, sinon la position des points pourrait être visible ; faites également toujours correspondre le fil à la paille. La tresse de paille peut être cousue à un cadre en saule, en bougran, en neteen ou en crinoline, sauf lorsqu'un chapeau *très* doux est souhaité ; il peut ensuite être cousu et façonné sur un cadre en fil de fer ou en bougran, mais pas dessus, car il doit être retiré du cadre après la couture ; ou, si la tresse est grossière, elle peut être cousue à une armature en fil de fer préalablement recouverte de crinoline ou de mull. (Voir l'illustration .)

UNE MÉTHODE DE DÉMARRAGE DE LA TRESSURE SUR LA COURONNE ET DE COUTURE EN PLACE

De nombreux chapeaux ont un bord recouvert de paille, tandis qu'un tissu est utilisé sur le dessus. Dans ce cas, le galon doit être mis en premier afin que les mailles puissent passer à travers le bord, que le tissu du dessus recouvrira.

À ÉPINGLER SUR LE CADRE —

Placez le bord extérieur de la paille au même niveau que le bord extérieur du bord, en commençant au centre du dos, en laissant trois pouces s'étendre vers la droite. Épinglez et badigeonnez tout autour jusqu'à atteindre le centre du dos. Courbez progressivement la deuxième rangée à partir du centre du dos ; ne faites pas de virage brusque jusqu'à ce que le tour correct soit atteint, généralement un huitième de pouce. Il y a un fil au bord de la plupart des tresses qui peut être remonté pour éliminer l'ampleur supplémentaire lorsqu'elles sont cousues sur une courbe. Le bord extérieur du premier rang doit être laissé libre pour pouvoir enfiler le bord du tissu qui recouvre l'autre côté. Ne commencez pas à coudre tant que la deuxième rangée n'est pas bâtie .

COUDRE —

Passez l'aiguille à travers le bord de la tresse au niveau des genoux depuis le dessous et faites un petit point, en enfonçant l'aiguille à travers la tresse et le bougran ; le petit point sur l'endroit sera masqué si le fil n'est pas trop tendu. Prenez un point sur l'envers d'un quart à un demi-pouce de longueur, en fonction de la largeur et de la qualité de la tresse. Continuez à bâtir et à coudre la tresse jusqu'à ce que la taille de la tête soit atteinte et que la tresse s'étende au-dessus du fil de la taille d'un pouce. Si le bord est plus large à certains endroits qu'à d'autres, le côté le plus large doit être rempli de courtes bandes suivant la même courbe, en prenant soin que les extrémités restent suffisamment longues pour dépasser d'un pouce le fil de la tête . Lorsque le bord est beaucoup plus large à certains endroits, de courts morceaux de tresse peuvent être insérés à intervalles réguliers au fur et à mesure que la tresse est cousue ; cela ne ferait pas une courbe aussi abrupte, et les lignes générales de la tresse seraient plus agréables.

Lorsqu'un côté du bord doit être recouvert de tissu, ajustez-le au bord, badigeonnez le fil de la taille de la tête et coupez le bord, en laissant un quart de pouce recouvrir le bord. Retirez le bâti de la première rangée de tresse et rentrez le bord du tissu en dessous. Épinglez et faites un point coulé pour passer à travers la paille.

LES DEUX CÔTÉS DU BORD RECOUVERTS DE GALON —

Laissez les premières rangées dépasser légèrement du bord du bord, en haut comme en bas. Ces bords peuvent être réunis avec un petit point incliné, ou si vous préférez, le bord peut être d'abord lié avec un biais de satin, ou avec une rangée de tresse ou de tissu de couleur gaie. Si le bord du bord est lié, les bords des premières rangées de tresses en haut et en bas ne se rejoindront pas. Le bord relié ainsi apparent donne l'effet d'une corde.

POUR COUVRIR UNE COURONNE AVEC UNE TRESSE -

Commencez par le bas de la couronne, en inclinant la deuxième rangée par rapport à la première rangée de la même manière que sur le bord. Tirez la tresse vers le haut avec le fil (qui se trouve sur le bord de presque toutes les tresses) et cousez jusqu'à ce que le centre de la pointe de la couronne soit atteint, lorsqu'un trou dans le haut de la couronne peut être fait et l'extrémité poussée à travers et fixé sur le dessous. Gardez la tresse suffisamment pleine pour qu'elle repose à plat jusqu'au bout. Parfois, il est plus facile de commencer à coudre la tresse au centre même du haut de la couronne, ou quelques rangées peuvent être cousues sur un petit cercle de crinoline avant de la fixer au sommet de la couronne.

Si l'on utilise une tresse composée de quatre ou cinq tresses plus petites cousues ensemble, la méthode est la même jusqu'à atteindre la pointe de la couronne ou un endroit où il est impossible de faire reposer la tresse à plat. La tresse doit ensuite être séparée en brins plus petits et coupées un à la fois, et chaque extrémité chevauchée sous le brin précédent ; continuez avec les brins restants, en coupant un à la fois jusqu'à ce qu'il n'en reste plus qu'un pour terminer le centre. Lorsque la pointe de la couronne est terminée, poussez l'extrémité restante dans un trou au centre de la pointe de la couronne et cousez à l'intérieur de la couronne. Lors de l'utilisation de ce type de tresse , l'opération peut être inversée, en commençant au centre du sommet et en recouvrant de tresse un petit cercle de bougran ; appuyez dessus avec un fer chaud pour l'aplatir, puis cousez en place sur la couronne et terminez le revêtement. Cela semble être la méthode la plus simple, car le haut de la couronne sera bien meilleur s'il est pressé et cela sera difficile à faire à moins de commencer sur un petit morceau de bougran séparé.

POUR COUPER LA TRESSE —

Parfois, une tresse doit être reconstituée à un point bien en vue du chapeau, lorsqu'une manipulation soigneuse s'avère nécessaire. Si la tresse est composée de plusieurs tresses plus petites cousues ensemble, les extrémités doivent être déchirées sur plusieurs centimètres et les brins coupés en longueurs inégales ; de plus, les brins de l'autre extrémité qui doit y être jointe doivent être coupés à une longueur telle qu'ils rejoignent les extrémités correspondantes et permettent un chevauchement d'un pouce. Les extrémités ainsi coupées peuvent être repliées une à une sans que la jonction soit visible. Si la tresse est très large, il peut sembler préférable, lorsque vous recouvrez un cadre, de couper et de joindre les extrémités de la rangée de tresse. Il vaudrait alors mieux faire une jonction droite dans le dos.

Si une tresse fantaisie doit être reconstituée, les extrémités sont chevauchées en diagonale et cousues à plat. Si un assemblage sophistiqué fait partie du design, une solution simple consiste à chevaucher les extrémités pour donner l'impression d'être tissées. Cela peut être utilisé sur une couronne ou un bord ou les deux, et cela devient alors une partie du design. Le haut de la couronne ou n'importe quelle partie du chapeau peut également être recouvert d'une tresse tissée, mais toute méthode sophistiquée de ce type nécessite une quantité supplémentaire de tresse.

Le haut de la couronne peut être recouvert en posant la tresse directement d'avant en arrière, permettant aux extrémités de s'étendre sur la couronne latérale d'un pouce ou plus. La tresse de la couronne latérale doit recouvrir ces extrémités. Le bord d'un chapeau étroit est souvent recouvert de courtes longueurs de tresse rayonnant à partir du fil de la tête , les extrémités s'étendant sur la couronne d'un pouce. Un tissu est souvent associé à du tressage pour des raisons de design, ou s'il y a une quantité de tressage insuffisante.

COURONNE SUPÉRIEURE DE TRESSE, COURONNE LATÉRALE DE TISSU —

COURONNE LATÉRALE DE TRESSE ET DESSUS DE TISSU —

BANDE DE TISSU, UNIE OU CORDÉE, FIXÉE DANS LA COURONNE LATÉRALE —

BORD ET COURONNE FAITS DE PETITS MORCEAUX DE SOIE ET DE TRESSE —

Un chapeau tressé d'apparence très douce peut être réalisé en cousant une tresse sur une base métallique spécialement conçue à cet effet. La tresse peut être épinglée sur le bord du fil et cousue, en prenant soin de ne pas attacher la tresse au cadre ; glissez l'aiguille sur le fil et terminez de coudre la tresse pendant qu'elle est encore épinglée au bord, puis retirez-la, appuyez légèrement et cousez une parementure de tresse sous le bord si vous le souhaitez. Certains types de tresses peuvent être humidifiés avant d'être pressés, mais il est plus sûr d'expérimenter d'abord avec un petit morceau, car certaines tresses sont abîmées par le pressage.

Une couronne souple de tresse doit être posée sur une couronne métallique et cousue de la même manière. Après l'avoir retiré du cadre métallique, il peut être légèrement pressé en le tenant sur un tissu épais tenu dans la main et en appuyant un fer chaud vers l'extérieur. Un chapeau souple en tresse peut plus facilement être réalisé en fabriquant d'abord un cadre en crinoline et en y cousant la tresse. Les couronnes tressées en crin de cheval sont magnifiques lorsqu'elles sont façonnées sur une base en fil de fer. Ils peuvent être légèrement pressés (après avoir été retirés de la couronne métallique sur laquelle ils ont été façonnés) lorsqu'on constate qu'ils gardent leur forme. Le bord aurait besoin d'une base en fil de fer pour le maintenir en forme et la tresse devrait être accrochée au fil pendant qu'elle est cousue. Un petit fil de dentelle doit être utilisé pour cette fondation, quatre rayons ainsi que le fil de tête et le fil de bordure étant suffisants. Le fil doit être enroulé avec de la maline ou avoir un revêtement en maline. La tresse en crin de cheval est transparente. Il existe de nombreuses façons fantaisistes d'utiliser une tresse sur un chapeau, mais celles-ci peuvent être facilement copiées si les méthodes précédentes sont maîtrisées. Soyez très prudent lorsque vous appuyez sur les tresses ou ajoutez de l'humidité, car cela abîme certaines tresses, tandis que d'autres doivent être humidifiées avant de pouvoir être manipulées pour les coudre sur un cadre de chapeau.

RECOUVREMENT DES ARMATURES EN FIL DE FER AVEC DE LA MALINE, DU FILET OU DE LA GEORGETTE —

Les cadres en fil de fer qui doivent être recouverts d'un matériau transparent, tel que du maline, du filet ou de la georgette, doivent être fabriqués avec soin, car le cadre en fil de fer devient une partie du motif et le fil doit être recouvert de soie.

Si de la maline est utilisée, elle doit être plissée ou froncée, à moins que le bord ne soit du style halo, pour lequel les instructions sont données ailleurs. Quatre ou cinq épaisseurs de maline sont nécessaires. Le matériau est souvent rassemblé en petits replis d'un quart de pouce aux points où le repli peut être cousu au fil circulaire sur le bord ou la couronne. Un petit repli au niveau du fil de bord donnerait un bord plus doux que s'il était posé sur un fil uni. La plénitude est ensuite rassemblée et cousue au fil de la tête . Si le bord est laissé uni, quelques rangées de tresses d'aspect dentelle peuvent être cousues sur le bord. Un large repli pendant du bord est parfois utilisé et il convient très bien à certains types de visages. Les fils d'un cadre sont souvent d'abord enroulés avec d'étroits morceaux de filet ou de maline en biais. Les bords sont retournés et le matériau est enroulé de manière douce et uniforme. Parfois, les fils sont enroulés avec une couleur contrastée.

Un revêtement efficace pour n'importe quel cadre peut être fabriqué à partir de rubans ou de bandes de biais en satin ou en soie, en velours ou en georgette, ou de tout autre tissu doux. Si une armature en fil de fer est utilisée, elle doit d'abord être recouverte d'un mince matériau uni pour servir de base à laquelle le ruban ou les bandes de tissu peuvent être cousus, ou une armature en neteen ou en crinoline peut être utilisée si un chapeau très doux est utilisé . voulu.

REVÊTEMENT EN RUBAN —

Si un ruban est utilisé, il doit être froncé sur un bord afin qu'il puisse être tiré vers le bas pour s'adapter au cadre et puisse être posé de la même manière que la tresse. Un ruban d'un pouce de large est facilement manipulable.

Tissu biais —

Si des bandes de biais en soie ou en satin sont utilisées, le tissu doit être coupé en bandes de deux pouces et demi de large, selon un vrai biais, et assemblé en une seule longue bande. Pliez dans le sens de la longueur jusqu'au milieu et rassemblez les bords bruts à un peu moins d'un quart de pouce du bord. Ceci est cousu au cadre de la même manière que la tresse, le bord plié chevauchant le bord brut et le fil tiré pour l'ajuster lorsqu'il est épinglé et cousu en place. C'est une excellente façon d'utiliser du vieux matériel.

Doublures de chapeau

Une doublure de chapeau doit faire l'objet du même soin et du même travail que l'extérieur du chapeau. Du point de vue du modiste , il s'agit d'une publicité, l'endroit où l'on trouve le nom du créateur. Une doublure bien ajustée, qu'elle soit en soie de couleur sombre ou gaie, rehausse la valeur d'un chapeau. On retrouve parfois un petit sachet bouton de rose cousu sur la doublure, ou encore une petite pochette bordée de dentelle pour le voile.

Il existe trois types de doublures populaires :

- Doublure unie

- Doublure française

- Doublure sur mesure

Doublure unie —

Celui-ci doit être constitué d'une bande de biais de matériau coupée sur la longueur du fil de la tête , plus un pouce pour la couture. La largeur doit être la même que la hauteur de la couronne plus deux pouces et demi.

MONTRANT LA MÉTHODE DE COUVERTURE DE LA COURONNE AVEC UN SATIN BIAIS DE LARGE DE DEUX POUCES. CORDON COUSU SUR UN BORD ; L'AUTRE BORD EST RASSEMBLÉ ET TIRÉ VERS LE HAUT POUR S'ADAPTER À LA COURONNE

Pliez une extrémité sur un demi-pouce et épinglez-la à l'arrière du chapeau ; Pliez le bord du tissu d'un quart de pouce autour de l'intérieur de la couronne aussi près que possible du bord sans montrer quand le chapeau est sur la tête. Épinglez tout le tour et cousez les deux extrémités ensemble ; commencez ensuite par la couture et cousez la doublure en place. La méthode consiste à amener l'aiguille du dessous de la doublure à travers le bord du pli, à attraper quelques fils d'étoffe sur le chapeau en face de ce fil, et à remettre l'aiguille dans le pli au même endroit ; amenez l'aiguille à travers le pli à un demi-pouce du premier point et procédez de cette manière jusqu'à ce que la couture soit atteinte. Tournez l'autre bord brut vers le bas d'un demi-pouce sur l'envers et faites un point courant à un quart de pouce du bord plié dans lequel un ruban étroit doit être passé, et tiré vers le bas autant que nécessaire pour que la doublure s'adapte à la couronne. . Une pointe de couronne est utilisée avec cette doublure, qui est constituée d'un morceau de soie de quatre pouces carrés, cousu ou collé à l'intérieur du sommet de la couronne. Sur cette pièce, on retrouve généralement le nom du créateur.

DOUBLURE FRANÇAISE —

Cette doublure est réalisée à partir d'un morceau de soie ovale qui correspond aux mesures de la couronne. Mesurez la couronne d'avant en arrière et d'un côté à l'autre, en ajoutant un pouce à ces mesures. Placez un petit fil à l'intérieur du chapeau au niveau de la tête et attachez-le. Passez le bord de la soie sur le fil sur un quart de pouce. Rassemblez la soie près du fil à l'aide d'un petit point courant. Une fois terminé, épinglez en place et cousez au point coulé sur la couronne. Cette doublure réduira quelque peu la taille de la tête de n'importe quel chapeau, elle ne doit donc jamais être utilisée s'il y a un risque de rendre le chapeau trop petit pour la tête.

Cette doublure est plutôt la doublure la plus utilisée. Les grandes maisons envoient leurs étoffes pour qu'elles soient confectionnées pour leur commerce et les doublures peuvent être achetées toutes faites, mais presque tout le monde possède des morceaux de soie qui peuvent facilement être transformés en une de ces doublures.

Coupez un ovale de crinoline aux deux tiers aussi grand que le haut de la couronne, badigeonnez-le d'un morceau de doublure en soie. Épinglez-le sur le dessus de la couronne, car cela peut être mieux ajusté à l'extérieur et doit être fait avant la fabrication du chapeau. Maintenant, coupez un morceau de biais suffisamment long pour atteindre le bas de la couronne et suffisamment large pour atteindre cette pointe de la couronne en tous points. Après l'avoir épinglé à la pointe de la couronne, remontez d'un quart de pouce en bas et épinglez au bas de la couronne. Étirez-vous bien car l'intérieur de la couronne est plus petit ; épinglez la plénitude sur le dessus de la couronne tout autour, rassemblez entre les épingles et badigeonnez en place. Cousez sur la machine. Cette couture peut être un cordon ou un petit cordon cousu pour couvrir la couture.

Les doublures peuvent être faites de taffetas, de soie de Chine , de satin, de satin ou de presque n'importe quel matériau pas trop lourd. Lorsqu'une armature en fil de fer est recouverte d'un matériau fin et que la monture est visible, le chapeau doit avoir une fine doublure. Si le chapeau est recouvert de maline, utilisez une doublure en maline ; si avec de la georgette, une doublure en georgette doit être utilisée.

CHAPITRE VII

PASSAGE À PARTIR

Le pli de la modiste —

Découpez dans un morceau de velours, de satin ou de tout autre tissu à utiliser, une bande de biais d'un pouce et demi de largeur et de la longueur désirée. Cela doit être selon un vrai biais, qui s'obtient en plaçant les fils de chaîne et de trame parallèlement. Tout autre biais est appelé biais vestimentaire. Tenez l'envers vers vous et retournez le bord inférieur vers le haut sur l'envers vers vous et vers le centre et badigeonnez près du bord. Le fil de bâti doit être suffisamment lâche pour permettre d'étirer le pli. Laissez le bâti. Ensuite, pliez l'autre bord brut vers le bas jusqu'à ce que les deux bords se rejoignent, mais ne badigeonnez pas. Pliez à nouveau en gardant ce dernier pli à un quart de pouce ou un peu moins de l'autre bord plié. Tenez en place et cousez vers le bas. Glissez l'aiguille à travers le bord du pli et faites un point long, puis, en descendant de l'autre côté, faites un point court. Revenez un peu sous le pli pour cacher la maille. Glissez l'aiguille le long du bord du pli comme avant et continuez de cette manière. Le fil doit rester lâche jusqu'au bout pour permettre au pli d'être légèrement étiré lors de l'utilisation. Une fois terminé, le pli ne doit pas se tordre ni donner l'impression qu'il contient un point.

Un autre pli unique séparé peut y être ajouté ; on l'appelle alors un pli français. Le pli de modiste a de nombreuses utilisations, comme la finition du bord des chapeaux et du bas des couronnes, pour couvrir la jonction du chapeau au bord. Il est parfois utilisé autour du sommet d'une couronne carrée et est très utilisé en chapellerie de deuil, lorsqu'il est en crêpe.

ARCS

Pour ceux qui n'ont pas d'expérience dans la fabrication d'arcs, il n'y a pas de meilleur plan que de copier de nombreux styles d'arcs différents, en utilisant soit du papier de soie, soit de la batiste bon marché, car les rubans sont ruinés s'ils sont refaits trop de fois. La fabrication d'arcs est parfois assez difficile pour un amateur, alors que pour certains étudiants en chapellerie, c'est très facile, mais toute personne patiente peut devenir très experte avec le temps.

Coupez le papier de soie ou la batiste à la largeur exacte du ruban à utiliser. De cette façon, la quantité exacte de ruban peut être déterminée, ainsi que la longueur de chaque boucle. Si vous souhaitez réaliser un nœud rigide et élégant, pliez le ruban en boucles avant de le plier. Si vous souhaitez un nœud doux ou gonflé, d'apparence « gros », pliez le ruban un par un avant de faire les boucles. Le nœud souple est souvent utilisé pour les chapeaux d'enfants. Une fois le nombre de boucles souhaité réalisé, enroulez un fil solide autour du centre et enroulez par-dessus l' extrémité restante du ruban autour du centre plusieurs fois jusqu'à ce que le centre soit suffisamment rempli pour bien paraître.

Arcs de maline —

La Maline est l'une des plus belles matières utilisées en chapellerie et elle se prête à de nombreux usages. Les montures de chapeaux sont recouvertes de maline ; il est utilisé pour couvrir les ailes afin de maintenir les plumes en place ; pour couvrir les fleurs fanées ou usées ; pour les bords et les couronnes froncés ; pour les plis ; pour les plis sur les bords des bords pour donner un aspect doux ; et pour les arcs.

Un nœud de maline nécessite un câblage avec un très petit fil d'attache ou du fil de lacet. Le fil peut être pris dans un pli au bord des boucles, ou les boucles peuvent être doublées avec le fil coincé à l'intérieur.

Noeuds en ruban filaire —

Le ruban est parfois câblé si un effet rigide est souhaité. De la soie, du satin, du velours ou tout autre type de ruban peuvent être utilisés. Le fil de ruban plat est parfois collé entre deux rubans avec de la colle de modiste. Souvent, deux couleurs sont utilisées de cette manière de manière assez efficace. Le fil peut également être cousu sur un bord du ruban. Cela se fait en retournant le ruban sur le fil au bord et en cousant sur la machine à coudre. Les extrémités du fil doivent dépasser de deux pouces les extrémités de la boucle de l'arc. Une fois le nœud disposé, ces extrémités doivent être pliées vers l'extérieur et vers l'arrière, formant des boucles qui sont cousues jusqu'au chapeau. Cela maintient le nœud très fermement, surtout si un petit morceau de bougran est placé à l'intérieur du chapeau à l'endroit où le nœud doit être cousu. Cela renforce le cadre et le rend encore plus ferme. Si un nœud doit être placé au-dessus d'une couronne, un trou peut être fait et le ruban qui complète le milieu du nœud peut être remonté de l'intérieur de la couronne à travers cette ouverture, par-dessus le nœud et vers le bas à travers cette ouverture. ouverture et fixation à l'intérieur de la couronne.

Un étroit ruban de velours est très joliment torsadé sur un fil et deux boucles et extrémités gaies sont réalisées. Celles-ci sont très jolies perchées sur le bord d'un bord ou parmi les fleurs du chapeau.

Le vrai nœud des amoureux —

Il ne s'agit pas à proprement parler d'un arc, mais cela relève de ce chapitre. Le ruban utilisé est transformé en nœud et cousu à plat au fur et à mesure de sa fabrication. Il peut être cousu sur le bord ou sur la couronne latérale et est très efficace en ruban d'or.

ARC SUR MESURE —

Cet arc est généralement fabriqué à partir d'un morceau de ruban dont les deux côtés sont identiques, bien qu'il puisse être fabriqué à partir de n'importe quel ruban. Un nœud sur mesure Knox est fabriqué à partir d' un ruban gros -grain. Coupez un petit morceau de bougran comme base sur laquelle coudre le ruban. Celui-ci doit être suffisamment petit pour que le ruban le cache. Réalisez deux boucles de longueur égale en laissant le ruban parfaitement plat. Les mesures doivent être très exactes. Cousez fermement ces boucles au bougran ; pliez le ruban d'avant en arrière pour réaliser ces boucles sans couper. Pliez ensuite deux autres boucles, une de chaque côté, un quart de pouce plus courte et exactement au-dessus. Cousez fermement et coupez le ruban au centre. Fixez deux extrémités courtes à l'arrière de l'arc, en leur permettant de s'étendre d'un quart de pouce et de les couper en diagonale. Prenez une courte longueur de ruban et pliez-la une fois au centre. Enroulez-le une fois autour du nœud et attachez-le à l'arrière.

Cet arc est très utilisé sur les marins ou sur tout chapeau de tailleur. Il existe de nombreux types d'arcs fantaisie qui sortent de saison en saison, mais si la fabrication de quelques styles d'arcs standards est maîtrisée, d'autres peuvent être facilement copiés.

COUPE DE POMPON
MALINE MONTRANT LA
METHODE DE
FIXATION SUR LE FIL

PLISSAGE RAYONNANT
RÉALISÉ SUR LA
PYRAMIDE BASSE DE
BUCKRAM

LE NŒUD DU VRAI
AMOUREUX

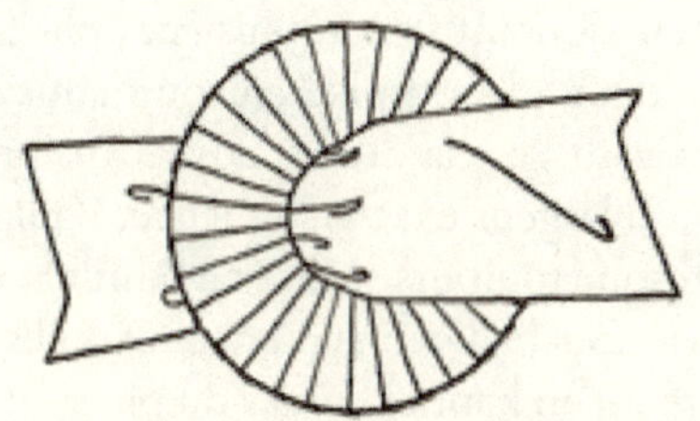

PLISSAGE RAYONNANT RÉALISÉ SUR
FONDATION BUCKRAM

DEUXIÈME MÉTHODE DE RÉALISATION D'UN
CENTRE D'ORCHIDÉES (voir page 91)

PLISSAGES

UN PLISSAGE est difficile et demande de la patience. À moins qu'il ne soit réalisé avec précision, il ne devrait jamais être utilisé sur un chapeau, car de sa précision dépend son attrait. Le plissage le plus simple est le plissage latéral. Cela peut être fabriqué à partir de papier ou de mousseline rigide pour les travaux pratiques. Il ne devrait pas y avoir de différence d'un fil dans la largeur de chaque pli. Tout plissage simple nécessite trois fois la longueur de l'espace qu'il doit couvrir. Si un plissage d'un demi-pouce doit être réalisé, les plis se produiront tous les un pouce et demi. Au fur et à mesure que chaque pli est posé, badigeonnez-le de fil de soie. Appuyez légèrement sur l'envers avant utilisation.

PLIAGE EN CAISSON —

Cela se fait en tournant le premier pli vers la gauche et le suivant vers la droite. La même quantité de tissu est nécessaire que pour le plissage latéral. Si les plis doivent avoir une profondeur d'un demi-pouce, le pli creux aura un diamètre *d'un* pouce. Badigeonner avec du fil de soie en haut et en bas, et repasser sur l'envers. Un simple pli creux peut être faufilé au centre et les bords serrés ensemble.

PLISSAGE DOUBLE OU TRIPLE —

Ceci est réalisé en ajoutant un ou plusieurs plis les uns sur les autres. Commencez par faire deux plis ou plus en tournant vers la gauche, puis le même nombre en tournant vers la droite. Soyez très précis, en prenant soin de garder le pli creux à la largeur exacte souhaitée. Badigeonner en haut et en bas. Ce plissage est presque toujours réalisé en faufilant jusqu'au centre, après avoir légèrement pressé. Les badigeons du haut et du bas sont ensuite retirés. Le plissage peut être réuni en haut et en bas du pli creux, et il est alors connu sous le nom de *plissage rose* .

RAYONNANT —

C'est le plissage le plus difficile à réaliser, mais on réalise de cette manière de très beaux ornements. Une base de bougran est généralement nécessaire pour coudre les plis au fur et à mesure de leur pose. Les deux illustrations données suffiront. Une fois ces deux exemples correctement copiés, d'autres modèles et conceptions originales peuvent être facilement réalisés.

FONDATIONS DE BOUGRAN —

La fondation du second a la forme d'une pyramide basse en bougran. Coupez un petit cercle de bougran, coupez-le à trois endroits également éloignés du bord extérieur jusqu'à un huitième de pouce du centre. Superposez une petite quantité et cousez. Trois rangées ou plus de plis peuvent être utilisées sur cet ornement. Un ornement ordinaire nécessitera environ cinq mètres de ruban d'un pouce de large. La première rangée serait placée près du bord extérieur du bougran et chaque pli serait cousu au fur et à mesure de sa pose. Le plissage doit rayonner à partir du centre. Pour ce faire, l'intérieur du plissage va chevaucher davantage que l'extérieur. La ligne suivante chevauchera cette première ligne et la même méthode sera utilisée. Le plissage peut être testé en tenant une règle sur une ligne entre le bord supérieur et le bord inférieur du plissage. Les plis doivent tous être sur une ligne droite entre ces points. La dernière rangée ou dernière rangée est la plus difficile de toutes. Les plis au sommet doivent se rejoindre et les plis au bord inférieur superposé doivent être alignés avec le reste du plissage. Un petit nœud ou un bouton est parfois utilisé pour finir le haut, mais il est beaucoup plus beau s'il est fini sans nœud ni bouton.

POMPONS

MALINE constituent un très joli ornement pour n'importe quel chapeau. Ils peuvent être parfaitement ronds ou allongés comme sur l'illustration. Plusieurs épaisseurs de matériau peuvent être découpées en même temps. La forme des pièces du pompon allongé serait découpée comme le motif « a ». Chaque pièce est pliée dans le sens de la longueur du tissu, et ce pli est fixé à un fil préalablement enroulé à la maline. Les bords de ces pièces sont laissés bruts et suffisamment sont utilisés pour que le pompon paraisse assez compact.

ROSETTES DE RUBAN

IL existe de nombreux types de rosaces en ruban. Parfois, plusieurs boucles de ruban sont très rapprochées et enroulées avec du fil au fur et à mesure qu'elles sont rassemblées. Une très jolie rosace est constituée d'un ruban étroit d'un quart de pouce de large. De nombreuses boucles de trois pouces de long ou plus de ruban de cette largeur peuvent être attachées à un petit morceau de bougran. Un nœud placé au bout de chaque boucle ajoute à son attrait.

ROSETTES DE VIEUX PANACHES —

Un vieux panache peut être utilisé pour confectionner un chapeau en le coupant de la plume avec un couteau très tranchant ou une lame de rasoir, en conservant une petite partie de la plume qui sera suffisante pour maintenir les plumes ensemble. Celui-ci doit être cousu sur un fil fin, puis enroulé en rosette. Une petite fleur placée au centre est un ajout agréable.

CHAPITRE VIII

FLEURS FAITES À LA MAIN

MATÉRIEL REQUIS :

Fil d'attache, vert

Tissu de gomme, marron et vert

Ouate de coton

Colle de modiste

Étamines jaunes

Papier de soie vert foncé

LES FLEURS peuvent être fabriquées à partir de presque tous les tissus : satin, velours, georgette, maline, ruban, cuir souple, toile cirée, fil et chenille. Un sac à ferraille pour bric-à-brac doit toujours être conservé pour les petits morceaux de matériaux. N'importe quel morceau de deux pouces carrés peut être utilisé pour des fleurs ou des fruits. Un tel sac de pièces se révélera une véritable mine d'or à utiliser pour confectionner des fleurs et des parures de fruits. Chaque année apporte des nouveautés en matière de passementerie, mais les fleurs faites à la main sont toujours portées plus ou moins sur les chapeaux, les robes, les costumes et les manchons. Ils sont particulièrement beaux sur les robes de soirée. Un nombre généreux des meilleurs exemples sont donnés ici avec des illustrations.

Préparer les pétales de n'importe quelle fleur n'est pas difficile, mais les disposer est une autre affaire. Étudiez le visage de n'importe quelle fleur que vous faites et essayez de lui donner un aspect aussi naturel que possible. Épingler les pétales en place avant de les coudre est d'une grande valeur, sinon ils risquent de glisser sur la tige pendant la couture.

A. ROSE DE BEAUTÉ AMÉRICAINE AVEC DÉTAIL. B. ROSE RUBAN. C. CERISES AVEC DÉTAIL. D. ORCHIDÉES AU muguet. E. RAISINS RAISINS. F. ROSE FILAIRE AVEC DÉTAIL. G. POINSETTIA.

ROSE DE BEAUTÉ AMÉRICAINE —

Cette rose peut être en soie ou en satin ; il peut avoir autant de pétales que l'on souhaite. Chaque pétale est découpé dans un morceau de tissu plié comme le schéma (1). Il est très important que le bord plié soit réellement *orienté* . Commencez la rose en coupant trois pétales comme sur l'illustration, avec le bord en biais d'un pouce et demi de long. Passez un fil fronceur à un huitième de pouce du bord incurvé, en laissant un fil d'un pouce de long afin que le pétale puisse être ajusté lorsqu'il est épinglé en place. Faites une boucle d'un pouce de long au bout d'un morceau de fil de six pouces de long. Couvrez cette boucle avec un petit cercle de tissu comme la rose. Il s'avère parfois avantageux de remplir ce cercle de coton pour former un centre moelleux pour la rose.

Pour une rose de taille ordinaire, il devrait y avoir dix-huit pétales. Les trois premiers sont déjà décrits comme ayant un biais d'un pouce et demi. La taille suivante plus grande devrait avoir un biais de deux pouces et être en conséquence plus large ; les cinq suivants devraient avoir un biais de deux pouces et demi et les cinq suivants un biais de trois pouces. Les trois petits pétales doivent être disposés autour de la boucle de fil recouverte et épinglés avant de coudre. Cousez en toute sécurité. Chaque rangée, telle qu'elle est disposée en fonction de sa taille, doit être épinglée en place et soigneusement examinée pour s'assurer qu'elle est placée efficacement. Chaque rangée doit être placée un peu plus haut que la précédente. Assurez-vous que le visage de la fleur ressemble le plus possible à une vraie rose, permettant au dos de ressembler à ce qu'il veut.

Avec un peu d'expérience, on devient vite efficace et on apprend à ajuster les différents matériaux. Certains matériaux étant plus souples que d'autres, la forme des pétales peut être légèrement modifiée pour répondre au besoin. Le dos de la rose peut être fini en ajoutant un nombre suffisant de feuilles vertes prélevées sur une fleur abandonnée ou achetées à cet effet. Une petite coupe verte est également ajoutée pour finir la base ; ceux-ci peuvent être achetés aux comptoirs de rubans. Le bourgeon utilisé avec cette rose peut être réalisé à partir des trois plus petits pétales. Un peu de feuillage vert doit également être utilisé avec cette rose et la tige liée avec un étroit ruban gris-vert, ou avec du tissu de gomme qui doit être réchauffé avant utilisation. Les pétales intérieurs peuvent être d'une teinte plus foncée que les pétales extérieurs.

ROSE EN RUBAN —

Pour fabriquer une rose en ruban de taille moyenne, il faut deux mètres de ruban de satin de deux pouces de large. Il existe plusieurs méthodes différentes pour réaliser le centre de cette rose. Un centre simple pour cette rose peut être réalisé à partir d'un morceau de ruban de quatre pouces de long. Pliez-le en deux. Cousez les lisières ensemble sur un côté. Retournez et remplissez de coton autour duquel a été enroulé l'extrémité d'un morceau de fil de fer de six pouces. Un peu de poudre en sachet parfumée à la rose peut être saupoudrée sur ce coton pour parfumer la fleur. Rassemblez le satin près du fil après avoir arrondi les coins des bords inférieurs. Deux mètres devraient faire ce centre et dix-huit pétales. Plus peut être ajouté ou moins peut être utilisé. Pour la première rangée, coupez trois longueurs de trois pouces de long ; la deuxième rangée, cinq longueurs de trois pouces et demi de long ; troisième rangée, cinq longueurs de quatre pouces de long ; quatrième rangée cinq longueurs de quatre pouces et demi de long. Chaque pétale est fini de la même manière avant d'être cousu. Pliez les deux extrémités ensemble, tournez chaque coin de l'extrémité pliée vers le bas en diagonale et épinglez en place. Relevez maintenant l'extrémité du dos du pétale et attrapez les coins avec quelques petits points. Remplacez l'extrémité et rassemblez les bords bruts, mais ne vous approchez pas. Préparez tous les pétales de la même manière avant de commencer à les coudre au centre. Parfois, un tout petit peu de coton est placé à l'intérieur de chaque pétale pour agrandir la rose. Lorsque tous les pétales sont terminés, commencez la rose en ajoutant d'abord les trois plus petits pétales. Épinglez en place autour du centre, en les enroulant étroitement autour et en les laissant s'étendre à environ un huitième de pouce au-dessus de la pointe. Ajoutez la rangée suivante en épinglant chaque pétale avant de coudre. Placez chaque rangée suivante un huitième de pouce au-dessus de la précédente. Observez attentivement le visage de la fleur et veillez à ce qu'elle soit aussi naturelle que possible. Le dos de la fleur sera recouvert une fois terminé, soit de quelques vieilles feuilles de rose et d'une coupe de rose, soit de points de ruban vert cousus pour ressembler à des feuilles. Une tige en caoutchouc peut être achetée pour glisser sur le fil sur lequel la rose est cousue, ou le fil peut être enroulé avec du fil vert, du ruban pour bébé, du papier de soie vert ou du papier de soie. Si la rose doit être épanouie, il serait préférable de réaliser le centre d'étamines jaunes.

Les pétales de la rose sauvage peuvent être découpés selon le même motif que pour la première rose donnée. Ce même motif est utilisé pour de nombreuses fleurs différentes : l'églantine, la fleur de pommier, le pois de senteur et pour le feuillage.

Pour la rose sauvage, utilisez la taille ayant un biais de deux pouces. Rassemblez un huitième de pouce du bord incurvé, tirez fermement et attachez le fil. Cette rose nécessite cinq pétales et aura l'air plus naturelle si deux des pétales sont d'une teinte plus foncée que les trois autres. Pour le centre, enroulez un morceau de fil de cravate autour de plusieurs étamines de roses jaunes qui peuvent être achetées dans un magasin de chapellerie, en laissant les extrémités du fil de cinq ou six pouces de long. Disposez les pétales à plat autour de ce centre et cousez en place. Les pétales doivent être à plat, ou presque. Un bourgeon de cette rose est obtenu en repliant un pétale après l'avoir rassemblé. Le bourgeon peut être efficacement fini en utilisant deux feuilles de feuillage, en plaçant une de chaque côté, en recouvrant partiellement le bourgeon, puis en terminant avec le fil ou une petite coupelle de rose verte. Pour finir avec du fil, faites une boucle au centre d'un morceau de fil d'attache de dix pouces . À cette boucle, cousez le bourgeon. Torsadez le fil plusieurs fois sur un pouce sous le bourgeon, puis retournez une extrémité du fil et enroulez-le autour de la tige jusqu'à ce que le bourgeon soit atteint. Enroulez-le plusieurs fois sur la base du bourgeon, serrez-le bien et vérifiez que les fils sont rapprochés. Cela terminera le bourgeon.

Le feuillage du rose peut être réalisé si vous le souhaitez. Coupez les feuilles dans du satin ou du velours vert, ou colorez-les en vert avec de l'aquarelle si un matériau de couleur claire doit être utilisé. Après avoir découpé les morceaux en forme de feuilles de rose (il en faudra deux pour chaque feuille), posez-les sur l'envers et recouvrez de colle de modiste. Posez au centre de celui-ci un morceau de fil d'attache suffisamment long pour la tige. Placez une autre feuille dessus et pressez ensemble. Lorsque toutes les feuilles sont faites selon cette méthode, disposez-les sur une longue tige ou un fil, et si elles sont enroulées avec du tissu de gomme brune, elles auront un aspect très naturel.

PETITE ROSE ENROULÉE EN TISSU —

Coupez dans un vrai biais une bande de tissu d'un pouce de large et quatre pouces de long. Pliez dans le sens de la longueur jusqu'au milieu. Retournez les bords bruts à une extrémité et rassemblez un huitième de pouce du bord le long des bords bruts. Tirez le fil jusqu'à un pouce et roulez, en commençant par l'extrémité pliée, et cousez. Un morceau de fil d'attache peut être collé à l'intérieur du pli avant de le rassembler, si vous le souhaitez. Ces petites roses peuvent être cousues sur une tige ou cousues à un morceau de bougran recouvert de soie. Il peut être en forme de boucle ou de cercle et recouvert de ces petites roses de plusieurs couleurs, rose, bleu et mauve. Cousus à plat contre une couronne ou sur un bord, ils garniraient efficacement un chapeau.

ROSE FILAIRE —

Cette rose, lorsqu'elle est soigneusement réalisée, est la plus belle et se vend à un prix exorbitant. Pour réaliser la rose comme illustré, il faut un quart de mètre de satin coupé en biais et un huitième de mètre de velours coupé en biais. Si le velours est plus foncé d'une ou plusieurs nuances, le résultat sera plus agréable.

La rose est façonnée à partir de pétales découpés comme sur l'illustration. Les trois premiers pétales sont découpés dans les dimensions indiquées dans l'illustration, soit deux pouces de long et un pouce et trois quarts de large. Les cinq pétales suivants doivent être d'un quart de pouce plus grands, et chaque rangée suivante de cinq pétales doit être d'un quart de pouce plus grande que la précédente. La dernière rangée de pétales doit être réalisée en velours. Coupez un morceau de fil d'attache suffisamment long pour atteindre le bord extérieur de chaque pétale, plus un pouce et demi. Posez les pétales sur l'envers, pliez le fil à la forme du pétale, posez le fil près du bord et retournez le bord brut sur le fil d'un huitième de pouce et collez-le en place avec de la colle de modiste. Placez un poids léger sur les pétales jusqu'à ce qu'ils soient complètement secs.

Commencez à assembler la fleur en faisant d'abord un centre à partir de certains des restes du velours, ou des étamines de roses jaunes peuvent être utilisées ; pliez plusieurs petits morceaux en forme de bouton d'environ un pouce de longueur, cousez fermement et attachez-les sur une boucle de fil de six pouces de long. Gardez le point où tous les pétales sont joints sur une circonférence aussi petite que possible. Commencez par les trois petits pétales, pliez-les en bas dans un espace aussi petit que possible et cousez au centre avec l'envers au centre. Une fois disposés, les bords peuvent être quelque peu froissés. Ajoutez les pétales restants selon leur taille. La dernière rangée de pétales de velours est plutôt jolie si un ou plusieurs sont placés avec le côté droit vers le centre.

FLEUR COLLÉE À PLAT —

Une fleur conventionnelle qui fait une belle taille peut être réalisée à partir du motif de la rose filaire donné en premier. Coupez cinq pétales (de n'importe quelle taille requise) dans du velours et cinq de la même taille dans de la soie ou du satin. Posez les pétales de velours sur l'envers et recouvrez de colle de modiste. Posez dessus un morceau de fil d'attache à un quart de pouce du bord, permettant une extension des extrémités du fil au bas du pétale. Posez le pétale de soie dessus et appuyez fermement. Une fois secs, disposez ces cinq pétales autour d'un groupe d'étamines jaunes, qui ont été attachées à une boucle de fil d'attache . Cette fleur devrait reposer à plat une fois terminée. Bien entendu, la forme des pétales peut être modifiée de n'importe quelle manière souhaitée.

POINSETTIA —

Les pétales de cette fleur sont également collés sur une doublure, le poinsettia constituant un bel ornement. Si un rouge vif est extrêmement joli, un poinsettia noir est tout aussi efficace. Les pétales doivent être en velours et doublés de satin de la même couleur. Ces pétales étant étroits, il suffit d'un fil passant par le centre. Une fois les pétales préparés, il faut les assembler autour d'un bouquet d'étamines jaunes ou d'un bébé ruban noué.

Le feuillage est réalisé en velours vert doublé de soie verte. L'illustration ci-jointe montre la proportion des pétales de la fleur et du feuillage. Les tiges peuvent être enroulées avec du tissu de gomme vert ou brun.

COQUELICOTS —

Les coquelicots peuvent être fabriqués à partir d'un ruban de dix-sept pouces de long et de deux pouces et quart de large. Coupez deux morceaux de cinq pouces et demi de long. Cela laisse une pièce de six pouces de long. Cela fera cinq pétales. Coupez les extrémités rondes des morceaux de cinq pouces et demi et coupez une extrémité du morceau rond de six pouces. En commençant au centre, près du bord, froncez avec un petit point courant. Retournez les bords bruts et tirez suffisamment sur le fil pour que les extrémités arrondies s'enroulent sur un pouce, puis attachez le fil. Ces deux longues pièces forment quatre pétales. Pliez-les très près du centre, cousez ensemble, terminez le pétale unique de la même manière et ajoutez-le aux quatre pétales. Un ruban bébé noir noué ou des étamines jaunes ou les deux feront un beau centre.

Gloires du matin —

Découpez un cercle de papier de quatre pouces de diamètre. Un quart de section servira de modèle pour une gloire du matin. Le cercle peut être plus grand si vous le souhaitez, mais la taille doit dépendre quelque peu du matériau utilisé. Ces dimensions sont pour une petite fleur en taffetas de soie ou en organdi. S'il est fait de velours ou de soie épaisse, le motif doit être beaucoup plus grand.

Rodez les bords droits sur un huitième de pouce et collez-les en place. Cela fait un cône. Coupez un morceau de fil d'attache de six pouces de longueur, passez une extrémité sur plusieurs nœuds de ruban jaune pour bébé et tordez-le solidement. Poussez l'autre extrémité du fil à travers le cône depuis l'intérieur et tirez les nœuds vers la pointe. Faites une courte courbure du fil au point inférieur de la fleur à l'extérieur pour éviter qu'elle ne glisse sur le fil. Le bord supérieur du cône peut être enroulé sur un morceau de fil d'attache et collé si nécessaire ; généralement, il reste en place sans couture ni collage. Le bord doit être légèrement étiré. La soie organdi ou taffetas restera enroulée en place sans le fil d'attache. La couleur de l'eau est utilisée le plus efficacement possible sur ces fleurs pour rendre l'ombrage aussi fidèle à la nature que possible. S'ils sont faits de velours, ils peuvent être cousus à plat sur un chapeau au niveau de la jonction latérale, lorsqu'une grande étamine de ruban torsadé ou de chenille peut être réalisée pour couvrir la jonction dans le cône.

Orchidée —

Cette fleur est particulièrement adaptée à la robe de la matrone, ou partout où une touche de lavande est souhaitée. Il s'associe efficacement avec des violettes, ou encore du muguet et de la fougère maidenhair. Les pétales sont constitués d'un ruban de satin d'un pouce et quart de large et de la teinte particulière d'orchidée lavande rosée. Il y a cinq pétales en tout, chacun nécessitant sept pouces de ruban. Si possible, trois des pétales doivent être d'une ou deux nuances plus foncées que les deux autres.

Pliez un morceau de ruban de sept pouces (un pouce et quart de large) en deux avec le côté droit vers l'extérieur. Découpé en forme comme sur l'illustration. Cousez une couture le long du bord incurvé à un huitième de pouce du bord. Torsadez une très petite boucle à une extrémité d'un morceau de fil d'attache de sept pouces et attachez-la à l'extrémité pliée du ruban. Passez ce fil le long des bords bruts, tournez-le sur l'envers et cousez le fil avec une couture d'un huitième de pouce sur l'envers. Cela fait une couture française. Maintenant, étalez le pétale à plat et poussez-le sur le fil jusqu'à ce que le pétale mesure six pouces de longueur. Rassemblez les extrémités brutes et enroulez-les fermement autour du fil. Terminez les quatre autres pétales de la même manière.

PATRON N°1 POUR LE CENTRE —

Cela nécessite un morceau de ruban de velours d'un pouce et demi de large et quatre pouces de longueur. Si possible, ce ruban doit être plus foncé que le pétale le plus foncé, mais doit bien sûr s'harmoniser. Roulez les extrémités et ourlez-les. Rassemblez le long d'un bord et resserrez l'extrémité en boucle d'un morceau de fil d'attache dans lequel un bouquet d'étamines jaunes a été attaché. La fleur doit être disposée avec les trois pétales les plus foncés pointant vers le haut à l'arrière du centre et les deux autres à l'avant tombants.

PATRON N°2 POUR LE CENTRE —

Ce centre est fabriqué à partir d'un morceau de ruban de velours de trois pouces et demi de long et d'un pouce et quart de large. Pliez dans le sens de la longueur, côté satin vers l'extérieur. À une extrémité, cousez tout droit, en faisant une couture d'un huitième de pouce de profondeur et tournez. Coupez l'autre extrémité comme sur le schéma et cousez-la avec le côté velours vers l'extérieur, en laissant un petit espace en bas pour insérer le fil. Cela ressemble maintenant à quelque chose comme « Jack in the Chair ». Torsadez quelques étamines jaunes à l'extrémité d'un morceau de fil d'attache de sept pouces et poussez l'autre extrémité vers le bas à travers la petite ouverture laissée au point inférieur et abaissez les étamines aussi bas que vous le souhaitez. Faites une petite boucle courte dans le fil d'attache près de la fleur pour éviter qu'elle ne glisse sur le fil.

Chaque année, de nouveaux développements apparaissent dans la fabrication des fleurs, mais les principes sont les mêmes. Si l'on en maîtrise quelques-uns, il n'y a généralement que très peu de difficultés à en copier d'autres qui peuvent apparaître d'année en année. De jolies fleurs peuvent être réalisées à partir de quelques centimètres de tresses de chapeau qui restent ou à partir de laine et de raphia, de maline ou de filets colorés.

FLEURS DE MALINE OU DE FILET —

Celles-ci peuvent être réalisées en utilisant le même motif que pour la rose American Beauty, en sélectionnant la taille souhaitée. (Voir l'illustration .) Posez une bande de fil d'attache à l'intérieur le long du pli en biais. Rassemblez le long du bord incurvé et serrez fermement. Cela rapproche les deux extrémités du fil d'attache et elles doivent être légèrement tordues. Disposez quatre ou cinq feuilles autour de quelques étamines jaunes. Si du fil d'attache vert est utilisé, il n'est pas nécessaire d'enrouler les tiges ; sinon, du tissu de gomme brune pourrait s'enrouler autour de la tige. À partir de ce motif, de nombreuses fleurs différentes peuvent être créées, en le variant légèrement, comme des boutons de rose, des pois de senteur et des fleurs de pommier.

POIS DE SENTEUR —

Coupez quatre pétales selon le même motif, en faisant un d'environ un pouce et demi et deux d'un pouce, puis un petit pour le centre, ou quelques nœuds de ruban pour bébé peuvent être utilisés pour le centre. Disposez les pétales dans une fleur d'apparence naturelle.

VIOLETTES —

Aucune fleur n'est plus populaire que la violette, et une grappe de belles violettes constitue un cadeau des plus acceptables à tout moment.

Un ruban de satin de couleur violette d'environ un quart de pouce de largeur est utilisé. Commencez par faire un nœud à un pouce de l'extrémité, faites-en un autre à un pouce de ce nœud ; continuez jusqu'à ce qu'il y ait cinq ou six nœuds espacés d'un pouce. Lors du nouage, essayez de garder le côté satiné du ruban à l'extérieur et faites un nœud aussi rond que possible en poussant les bords du ruban ensemble sur le nœud. Ne liez pas trop serré. Un peu de pratique est nécessaire, mais la floraison se fait facilement. Tenez le premier nœud entre le pouce et l'index, remontez le troisième nœud et placez-le avec, puis le cinquième, et ainsi de suite, jusqu'à ce que tous les nœuds soient placés, généralement trois d'un côté et deux ou trois de l'autre. Coupez le fil d'attache vert de six ou sept pouces de long pour les tiges. Enroulez un pouce de l'extrémité sur le ruban entre ces nœuds pliés et tournez. Coupez le ruban en pointe, en laissant une extrémité d'un demi-pouce.

Deux nuances de ruban peuvent être utilisées si vous le souhaitez. Parfois, quelques étamines jaunes sont attachées avec le fil ou quelques nœuds français jaunes ajoutés au centre après la floraison, mais ni l'un ni l'autre n'est nécessaire et n'ajoutent que peu à la beauté de cette petite fleur. Façonnez les pétales autour du centre.

Le feuillage de cette fleur peut être acheté ou réalisé selon les instructions données ailleurs. Une pulvérisation de presque n'importe quel feuillage fera l'affaire. Un petit bouton de rose, une gloire du matin ou une orchidée ajoutée à un bouquet de violettes le rendra doublement charmant.

MARGUERITES —

Les marguerites peuvent être fabriquées à partir d'un ruban d'un quart de pouce, en utilisant autant de pétales que vous le souhaitez. Coupez le ruban en longueurs de deux pouces et demi. Faites un nœud au centre.

Cousez les extrémités à un petit morceau rond de bougran. Si deux rangées de pétales sont utilisées, la deuxième rangée peut être raccourcie d'un quart de pouce. Le centre peut être recouvert de centres de marguerites prêts à l'emploi ou de quelques nœuds français. La tige du fil est punaisée au bougran sur le dos et peut être enroulée avec du fil vert.

GÉRANIUMS —

Ces fleurs sont réalisées en ruban de satin couleur géranium. Utilisez la même méthode que pour faire des violettes, sauf qu'il faut toujours ajouter des étamines jaunes.

FRUIT

POMMES —

Le matériau nécessaire à la fabrication des pommes est découpé en cercle de n'importe quelle taille souhaitée et dans n'importe quel matériau. Le bord doit être tourné d'un seizième de pouce et froncé tout autour. Placez-le sur un morceau de molleton de coton sur lequel un morceau de fil a été torsadé, en laissant les extrémités suffisamment longues pour une tige. Ajoutez une quantité suffisante de coton pour bien remplir la matière. Tirez bien le fil et cousez. Un point peut être attrapé au centre et tiré vers le bas, ou une petite touffe de fil à broder marron cousue au centre pour donner un aspect plus réaliste. La pomme peut être teintée à l'aquarelle si vous le souhaitez. Dans ce cas, la pomme entière doit d'abord être humidifiée, puis la couleur appliquée et laissée sécher.

CERISES —

Ceux-ci sont fabriqués à partir d'un cercle de matériau plus petit que la pomme : le satin ou le velours formeraient une charmante grappe. La méthode utilisée est la même que pour la pomme, sauf qu'il n'y aurait pas de point au centre. Ils doivent également être remplis jusqu'à ce qu'ils soient durs. Utilisez du fil d'attache pour les tiges.

PRUNES —

Ceux-ci peuvent être fabriqués à partir d'un morceau de tissu de couleur prune en biais véritable, de deux pouces et quart de long et d'un pouce et quart de large. Cousez les extrémités ensemble sur l'envers. Tournez, rassemblez une extrémité à un huitième de pouce du bord. Tirez fermement sur le fil et cousez. Cela met fin au « coup ». Tournez le bord inférieur d'un huitième de pouce et rassemblez. Remplissez de coton auquel un morceau de fil d'attache a été attaché, tirez près du fil et cousez. Ajoutez autant de coton que nécessaire pour obtenir la bonne forme avant de terminer.

RAISINS SECS —

Ceux-ci peuvent être fabriqués à partir d'un cercle plié d'un matériau de couleur prune situé à un huitième de pouce du bord, mais utilisé sans remplissage de coton. Cousez jusqu'au bout du fil d'attache en boucle et enroulez le fil avec du tissu de gomme marron. Disposer en grappe. Réchauffez toujours le mouchoir avant utilisation afin qu'il adhère.

RAISINS —

Celles-ci sont faites de la même manière que les cerises, sauf qu'une grappe aurait plusieurs tailles. Ils sont magnifiques en velours noir. Une grappe de raisin à coudre à plat sur un chapeau peut être réalisée en recouvrant des moules à boutons de différentes tailles et en les disposant sur un chapeau pour ressembler à une grappe.

CHAPELLERIE DE DEUIL

LES CHAPEAUX portés lors du deuil sont presque toujours petits et en crêpe noir avec quelques plis de crêpe blanc près du visage. Le revêtement du crêpe est toujours doublé, de préférence avec un drap de ouate pour donner l'aspect moelleux souhaité. La garniture est constituée de plis de modiste ou de fleurs plates réalisées en crêpe. 98-1 Les voiles de deuil utilisés peuvent avoir un simple ourlet large cousu à la main ou un ourlet appliqué. L'ourlet appliqué est bien plus beau.

OURLET APPLIQUÉ SUR UN VOILE —

Pour un ourlet de trois pouces de large, coupez une bande de six pouces de largeur et suffisamment longue pour atteindre le bord du voile plus trois pouces pour chaque coin. Il faut autant de longueur supplémentaire pour couper en onglet un coin d'un voile rectangulaire.

Pliez cette bande dans le sens de la longueur au milieu et badigeonnez avec de fins points de suture à un pouce du pli pour maintenir le pli à plat. Mesurez cette bande au bord du voile pour repérer l'endroit où le pli doit être coupé en onglet aux coins. Coupez un morceau en forme de V à partir de ce pli jusqu'à un quart de pouce du pli. Coupez les deux épaisseurs. Cousez ces bords bruts ensemble dans une couture d'un quart de pouce de profondeur et le résultat sera un coin en onglet . Chaque coin doit être soigneusement planifié et coupé en onglet avant de coudre au voile. Ensuite, retournez les deux bords bruts vers l'intérieur d'un quart de pouce et badigeonnez séparément. Glissez le bord du voile entre les deux, épinglez soigneusement, faufilez et cousez les bords au voile. Les deux bords peuvent être cousus en même temps. Si ce travail est effectué avec soin, le résultat compense largement le temps consacré.

Le voile est une partie très importante du chapeau et peut être ajusté à volonté. Il peut faire partie du revêtement du chapeau, puis est disposé de manière à devenir des plis vers l'arrière et laissé tomber à n'importe quelle longueur souhaitée. Cela constitue un arrière-plan attrayant pour le visage. Les chapelleries de deuil ne sont plus autant utilisées qu'autrefois, mais ceux qui désirent adhérer à la coutume trouveront le style peu modifié.

98-1 **Voir** chapitre « Fleurs ».

CHAPITRE IX

REMODELAGE ET RÉNOVATION

Formes de paille —

Bord : brossez bien pour enlever toute la poussière. Si le bord est trop large, quelques rangées de galons peuvent être retirées du bord et le bord refait avec une ou plusieurs rangées de galons ornementaux de la même couleur. S'il semble nécessaire d'utiliser un fil de bordure, cette dernière rangée de tresse peut être réalisée pour le recouvrir, ou un pli en biais de satin, de soie, de velours ou de ruban peut être cousu sur le fil.

Couronne — Lorsque la couronne d'un chapeau de paille s'avère trop basse pour le style actuel, la couronne peut être arrachée du bord, un morceau étroit de bougran cousu au bas de la couronne puis recousu au bord. Bien entendu, un parage doit être prévu pour dissimuler ce bougran. Si la couronne est trop haute, quelques rangs de tresse pourront être retirés en bas de la couronne, de quoi donner la hauteur souhaitée.

Pour donner forme à un chapeau de paille —

Si les contours généraux d'une forme de paille s'avèrent bons, ou si elle n'a besoin que d'un léger remodelage, cela peut être fait à la maison avec des résultats satisfaisants. C'est vraiment un blocage à domicile grâce à l'utilisation de carton épais. Une couronne arrondie peut être rendue plate sur le dessus et un bord légèrement roulant peut être transformé en un bord droit en utilisant cette méthode. C'est une joie de prendre un vieux chapeau de paille mis au rebut et battu et d'en faire un chapeau frais et actuel, une œuvre dont chacun peut être fier.

Découpez dans un morceau de carton épais la forme et la taille exactes dont le dessus de la couronne doit être fabriqué. Coupez-en un autre à la hauteur exacte de la couronne et suffisamment long pour s'adapter autour de la tête, permettant aux extrémités de se rejoindre. Cousez ces morceaux de carton ensemble pour obtenir une couronne ayant la forme exacte que vous souhaitez. Humidifiez suffisamment la couronne de paille pour la rendre très souple et mettez-la en forme sur cette couronne en carton. Retournez la couronne sur une surface plane et placez un poids dans la couronne. Un fer plat ou un petit pot en pierre fera un bon poids. Liez l'extérieur fermement et doucement avec un chiffon, épinglez en place et laissez sécher. Une fois qu'il est complètement sec, retirez le tissu et, avant de le retirer du bloc, recouvrez-le d'une ou deux couches d'un bon colorant que vous pouvez acheter à cet effet. Celui-ci peut être obtenu en plusieurs couleurs, mais doit être appliqué avec une brosse dure et bien frotté afin de produire une teinte uniforme.

Si le bord roule et doit être aplati, humidifiez-le soigneusement, appuyez-le à plat sur une surface lisse et recouvrez-le de poids ; laisser sécher, après quoi quelques couches de coloration peuvent être appliquées. Si le bord est séparé de la couronne, le chapeau peut être complètement changé en glissant le bord sur la couronne, en le laissant à environ un pouce du bas d'un côté ou à l'arrière, formant ainsi un bandeau qui se prête à la coupe. fleurs, rubans ou malines. Dans ce cas, le bas de la couronne nécessiterait un fil cousu sur le bord pour le maintenir en forme. Si un lustre élevé est souhaité, une couche de gomme-laque peut être appliquée en dernier lieu avant la coupe.

CHAPEAUX DE PAILLE LÉGERS —

Les chapeaux de paille légers peuvent être nettoyés à l'eau et au savon ou à l'essence. Si le chapeau a besoin d'être blanchi, du soufre et de l'eau peuvent être utilisés, ou un liquide de blanchiment commercial peut être acheté prêt à l'emploi selon les instructions imprimées. Deux ou trois couches de colorant changeront la couleur. Des résultats agréables sont parfois obtenus en utilisant deux couleurs différentes, l'une sur l'autre. Bien entendu, cela nécessite de l'expérience et doit être essayé avant de l'utiliser sur un chapeau.

QUAND LA PAILLE DOIT ÊTRE RECOUSUE -

Déchirez soigneusement la fondation ; brosser et presser soigneusement. Certaines pailles ne supportent pas l'humidité, alors essayez-en d'abord un petit morceau. Placez-le sur une planche très rembourrée et appuyez sur l'envers.

CHAPEAUX PANAMA —

Il est bien plus satisfaisant d'envoyer un Panama chez un bon nettoyeur professionnel. Un chapeau Panama peut être rendu moins sévère par l'ajout d'une sous-couche sur le bord d'un matériau transparent, tel que de la georgette ou du crêpe de Chine, terminé au bord par un fil. La paramenture peut être placée sur le bord si vous le souhaitez. La couronne entière est parfois modifiée en la recouvrant d'une mousseline figurée étroitement tirée et terminée en bas par une bande et un nœud de ruban.

Un autre changement pourrait être apporté en recouvrant toute la couronne de pétales de fleurs cousus à plat et entremêlés de feuilles vertes. Ils doivent ensuite être recouverts d'une ou plusieurs couches de maline. C'est une bonne façon d'utiliser les vieilles fleurs. Les fleurs résisteront à de nombreuses retouches de couleurs lorsqu'elles seront voilées.

Lorsqu'une forme de bougran recouverte est cassée et déformée, retirez tout le revêtement. Humidifiez le cadre et repassez avec un fer chaud. Un rouleau de tissu ou de papier doit être tenu à la main tout en appuyant sur la couronne. Une cassure du bougran est difficile à éliminer ; cependant, si du nouveau matériel n'est pas disponible, il est possible de faire beaucoup avec l'ancien. Ne retirez pas le fil de la taille de la tête à moins qu'une marque au crayon ne soit faite à l'endroit où il doit être cousu.

Si le fil de la tête est trop gros ou trop petit, il est temps de le changer. Si la forme générale du bord doit être modifiée, retirez le fil de bordure et coupez à la largeur requise. S'il doit tomber ou rouler, coupez le bord du bord extérieur jusqu'au fil de la tête et chevauchez un quart de pouce sur le bord. Entaillez à plusieurs endroits si nécessaire. Coudre près des deux bords chevauchés du bougran et recouvrir d'une bande de mousseline ou de crinoline cousue à plat.

Si un bord doit être rendu plus plat ou évasé, coupez et ajoutez des morceaux de bougran en forme de V. Si la taille de la tête est trop grande, on peut y remédier en divisant le bord en deux. Retirez le fil de la taille de la tête et le fil de bordure, en coupant de l'avant vers l'arrière. Chevaucher et coudre ; faites en sorte que le fil de la taille de la tête ait la taille requise et recousez le bord. Coupez le bord extérieur du bord et ajoutez le fil de bordure. La même chose peut être faite à la couronne. Si elle est trop grande, divisez-la en deux et chevauchez les bords jusqu'à ce qu'elle atteigne la taille requise, ou un morceau de matériau peut être ajouté pour agrandir la couronne. La couronne peut être abaissée en coupant un morceau de la base, ou relevée en ajoutant un morceau de matériau lourd à la base. Lorsqu'un bord recouvert de tissu est changé, il sera difficile d'utiliser l'ancien revêtement, mais cela peut parfois être fait.

Si un cadre en bougran doit être modifié radicalement, cela peut être fait en le bloquant sur un cadre en fil de fer conçu à cet effet. Le cadre en fil de fer doit comporter six bâtons au lieu de quatre et des cercles ne dépassant pas 1 pouce l'un de l'autre, façonnés comme vous le souhaitez. Du bougran ancien ou nouveau, du neteen ou tout autre matériau grossier fortement amidonné peut être utilisé. Mouillez soigneusement le tissu avec de l'eau tiède.

Bloquez d'abord la couronne. Placez le matériau sur la couronne et tirez-le vers le bas jusqu'à ce que tous les plis soient éliminés, épinglez-le étroitement sur le fil de la tête tout autour. Une fois sec, marquez avec un crayon tout autour à proximité du fil de fer , retirez du cadre, coupez le repère de crayon et cousez un fil de fer sur le bord. S'il y a des marques du fil à retirer, tenez un chiffon à l'intérieur de la couronne et appuyez légèrement avec un fer chaud. Le bord est géré de la même manière. Marquez au niveau de la tête , coupez à ce stade un demi-pouce à l'intérieur de la marque et cousez un fil de la taille de la tête sur la marque au crayon. Marquez le fil de bordure, coupez au niveau du crayon et terminez avec le fil de bordure.

DE NOUVEAUX BORDS POUR DE VIEILLES COURONNES —

Si le bord d'un chapeau n'a plus besoin d'être renouvelé, un nouveau peut être fabriqué, ou le bord métallique d'un vieux chapeau peut être utilisé avec une couronne de velours, ou n'importe quel tissu ou paille. Le bord métallique peut être recouvert de georgette - une vieille taille à moitié usée fera bien l'affaire, en utilisant le dos ou les manches, ou toute partie qui n'est pas trop usée. Lorsqu'une couronne plus lourde est utilisée, le bord d'un bord transparent doit avoir un pli de tissu comme la couronne cousue sur le bord, ou une rangée de paille lorsque la couronne est en tresse de paille.

CHAPEAUX DE FEUTRE ET DE CASTOR —

Lorsqu'il est sale, nettoyez-le avec de l'essence et de la semoule de maïs. Pour redonner du brillant, frottez le chapeau avec un morceau de papier de verre très fin collé sur un petit bloc de bois. Frottez avec la sieste. Pour terminer le processus, retirez le papier de verre et remplacez-le par un morceau de velours. Frottez-le sur un fer chaud, puis sur de la cire d'abeille. Continuez l'opération de frottement du chapeau avec la sieste jusqu'à ce qu'il retrouve sa fraîcheur d'origine. La couronne doit être emballée avec un chiffon avant de la frotter pour la maintenir suffisamment solide pour effectuer un travail satisfaisant. Si le bord d'un chapeau de feutre ou de castor doit être coupé, marquez avec un morceau de craie l'endroit où le bord doit être coupé. Cousez plusieurs fois sur cette ligne avec une machine à coudre sans fil, et le feutre sera coupé et le bord cassé à ce stade. Cela semble bien meilleur que lorsqu'il est coupé avec des cisailles ou avec un couteau.

RÉNOVATION DE REVÊTEMENTS ET DOUBLURES DE CHAPEAUX —

Pour rafraîchir le velours et relever le poil, brossez bien pour enlever la poussière. Avec l'envers vers le bas, tenez-le au-dessus du bec d'une bouilloire remplie d'eau bouillante rapidement. Un assistant est nécessaire pour le brosser légèrement pendant qu'il passe d'avant en arrière sur la vapeur. La grande force de la vapeur soulèvera le poil beaucoup plus rapidement que la méthode consistant à utiliser un chiffon humide sur un fer chaud. Si le velours après cuisson à la vapeur s'avère encore trop imparfait ou délavé pour être utilisé sur le chapeau uni, il peut être rassemblé à un demi-pouce ou plus et utilisé soit sur la couronne, soit sur le bord, ou il peut être reflété en repassant dessus. le côté droit avec un fer chaud, en repassant toujours légèrement dans un sens, en effectuant un mouvement de balayage. Ne laissez pas le fer reposer une seconde sur le tissu, sinon il laisserait une marque.

Pour rafraîchir une crêpe pour la chapellerie de deuil —

Badigeonner la crêpe avec un pinceau fin pour enlever la poussière. Nettoyer à l'essence si nécessaire. La crêpe peut être rendue comme neuve si elle est épinglée doucement et uniformément sur une surface rembourrée, un chiffon humide placé dessus, puis un fer chaud passé dessus sans la toucher, mais suffisamment près pour qu'une légère quantité de vapeur humidifie la crêpe. crêpe. Retirez le torchon et laissez sécher la crêpe sur place. La crêpe devient rapidement défraîchie si elle n'est pas correctement entretenue.

Nettoyer, boucler et teindre les plumes —

Pour le nettoyer, plongez la plume dans de l'essence à laquelle on a ajouté quelques cuillerées de semoule de maïs. Passez la plume entre les mains plusieurs fois jusqu'à ce qu'elle soit propre ; rincer à l'essence claire et agiter à l'air frais jusqu'à ce qu'il soit sec. Une plume très claire ou blanche peut être teintée en dissolvant un peu de peinture à l'huile dans l'essence utilisée pour le rinçage.

Pour boucler, dessinez les conduits, quelques-uns à la fois, sur un couteau émoussé. Un panache est assez difficile à coudre sur un chapeau et à produire l'effet désiré. L'extrémité de la plume peut être cousue très fermement au chapeau, tandis que le bout du panache ne doit pas être cousu près du chapeau, sinon il paraîtra raide.

Rubans —

S'ils sont sales, ils peuvent être nettoyés à l'essence ou à l'eau et au savon, à l'aide d'une brosse. Ne pas frotter ni essorer. Suspendez-le pour l'égoutter ou enroulez-le fermement autour d'une bouteille et laissez-le sécher. Ne pas appuyer avant vingt-quatre heures, s'il est nettoyé à l'essence. Pour produire plus de rigidité, rincez dans une solution faible de sucre et d'eau. Il est également très facile de changer la couleur des rubans en utilisant n'importe quelle teinture à froid du commerce.

Fleurs —

Si les fleurs sont fanées, elles peuvent être retouchées à l'aquarelle. S'ils sont roses, le rouge peut être utilisé efficacement. Si les bords sont très effilochés, coupez-les légèrement avec les ciseaux. Les feuilles vertes peuvent être trempées dans de la paraffine chaude pour leur redonner leur éclat, ou pressées avec un fer chaud sans paraffine. Même les fleurs très imparfaites peuvent avoir une belle apparence si elles sont voilées avec de la maline ou de la georgette.

PLUMES —

a été déposée une petite quantité de vaseline ou d'huile. Une plume peut être courbée en la tenant au-dessus du bec d'une bouilloire remplie d'eau bouillante rapidement. Placez un couteau émoussé sur la face inférieure et appuyez suffisamment fort sur la plume pour faire une entaille pointue. Faites cela tous les demi-pouces. Si la plume est suffisamment cuite à la vapeur, cela peut être réalisé facilement et le résultat est permanent.

AILES —

Les plumes lâches doivent être collées en place et l'aile recouverte de maline ou d'un filet à cheveux de la même couleur. Les ailes peuvent être recouvertes d'une couche de gomme-laque qui les rigidifie et leur donne un aspect très brillant.

DENTELLE —

La plupart des lacets peuvent être lavés à l'eau tiède savonneuse. Appuyez doucement dans les mains, ne frottez pas. Pressez l'eau après avoir bien rincé la dentelle à l'eau tiède. Secouez doucement et épinglez doucement sur une feuille en prenant soin d'étirer et d'épingler chaque pétoncle en place. Laissez-le sécher. Si nécessaire , repassez légèrement avec un fer chaud sur l'envers. Certains lacets sont grandement améliorés par pressage.

MALINES —

Les malines peuvent être utilisées à bon escient, même si les pièces sont très usées et décolorées. Placez un chiffon fin et humide dessus et repassez avec un fer chaud. Laisser sécher complètement avant de retirer de la planche à repasser.

LA FIN

www.ingramcontent.com/pod-product-compliance
Lightning Source LLC
LaVergne TN
LVHW041750190726
843493LV00008B/2538